▲ 金赏月

▲ 我和“世界第一商业财富导师” 安东尼 · 罗宾

▲ 我和美国知名领导力专家、演说家 约翰 · 马克斯韦尔

▲ 我和白宫谈判顾问、世界著名的谈判大师 罗杰 · 道森

▲ 我和世界第一成交之神 汤姆 · 霍普金斯

▲ 我和世界谈判大师　史都华·戴蒙

▲ 我和世界行销之神　亚伯拉罕

▲ 我和无腿超人　约翰·库提斯夫妇

▲ 我们夫妻和世界著名的两性关系大师　约翰·格雷

▲ 我和全美畅销书排行榜第一名《心灵鸡汤》的作者　马克·汉森

▲ 我和我先生

▲ 我们一家四口全家福

▲ 杭州团队合影

▲ 我和爸爸、妈妈，弟弟金从军、金崇波的全家福

▲ 我在悉尼大学接受“世界杰出华人企业家”颁奖

推开门就是幸福

懂得爱与感恩，幸福成功更近

金赏月 著

群言出版社
QUNYAN PRESS

图书在版编目（CIP）数据

推开门就是幸福 / 金赏月著 . -- 北京 : 群言出版社 , 2015.7

ISBN 978-7-80256-777-1

Ⅰ . ①推… Ⅱ . ①金… Ⅲ . ①幸福—通俗读物 Ⅳ . ① B82-49

中国版本图书馆 CIP 数据核字 (2015) 第 133840 号

责任编辑：盛利君
封面设计：刘红刚

出版发行：群言出版社
社　　址：北京市东城区东厂胡同北巷1号（100006）
网　　址：www.qypublish.com
自营网店：http://qycbs.shop.kongfz.com（孔夫子旧书网）
　　　　　http://www.qypublish.com（官方网店）
电子信箱：qunyancbs@126.com
总 编 室：010-65265404 65267783
编 辑 部：010-65138815 65262436 65276609
发 行 部：010-65263345 65263836
市 场 部：010-65220236 65265832（读者服务）
经　　销：全国新华书店
法律顾问：北京市君泰律师事务所

印　　刷：北京毅峰迅捷印刷有限公司
版　　次：2015年8月第1版 2015年8月第1次印刷
开　　本：710mm × 1000mm 1/16
印　　张：12
字　　数：150千字
书　　号：ISBN 978-7-80256-777-1
定　　价：32.00 元

目　录
CONTENTS

推荐序

她的故事会震撼你的心灵

和本书作者金赏月金总认识已经五年多了，第一次和她见面就印象非常深刻。我的工作是在全世界各地演讲，协助企业打造系统、复制团队、复制 CEO，接触的学员非常非常多，二十多年来直接和间接接触的受众估计几百万甚至上千万人。金总只是上过我的课的众多学员中的一个，按理说我和她不会有太多交集。

记得几年前有一次我去东北讲课，她从来没有见过我，只是听上过我课的学员说我的《打造系统，复制团队》课不错，就付了几万元学费，带着她的另一半和她公司的一位高管，去东北听我的课了。在三天课程中，由于人数众多，一开始我并没有注意到她，后来她把我当时开的所有课程都报名了，并且私下找我谈，问我是否可以成为“榕大”的顾问。当时这样的学员很多，我并没有特别留意。

可是从那时开始这么多年来，我看到了她的学习精神和态度，应该说是持之以恒。

为什么这么说呢？由于在这个行业，我认识到，很多老板渴望学习，但是大部分人都是三分钟热度，一阵很热情，接着又不想学了。试问，从幼儿园到大学，甚至到博士，要经过十几年甚至二十多年的时间，才能修成正果，而企业的老板要学到让企业历久不败、永续经营的经验，岂是两三天能学会的？这个道理很多人都知道，但是真正做到持续学习的人，这么多年来，在这么多学员中寥寥无几。

我和金总提到她的这个很棒的特质、很强的学习力、持续学习的精神，她却说这有什么，不是本来就该这样吗？金总不仅上了我的课，还飞往世界各地，把顶尖老师的课都上了。认识她五六年来，我看到，她除了经营，大量的时间都用在了学习上，花费了大量的钱和时间不断地学习。也因为这样，"榕大"这个品牌做得越来越大。

她本来只是一位从农村出来、没有高学历和背景的姑娘。走到今天，金总不仅改变了自己的命运，也神奇地改变了全家人的命运。关于她的这本书——《推开门就是幸福》：是我们在她的奔驰车上谈论怎么帮助更多人的时候，我问她为什么选择做原木定制这个行业，她告诉我，一开始她是做木制门，看到自己的产品是别人家安全的要素，感到非常喜悦，中国人重视家，"家"是幸福、放松、安全的所在，而"门"守卫着家，所以她想要做安全、环保又美观的门。

于是我灵机一动建议她把自己的故事写下来，出本书，书名就叫《推开门就是幸福》。我说她不仅是在销售产品，更是希望客户幸福，这样可以帮助更多人。她兴奋得差点从奔驰车上跳起来，说："这就是我想要的！"于是就有了你手上这本书。

金总对学习的渴望就像鲨鱼见到血一样，听到哪里有顶尖的资讯她就会跑过去了解。书中提到了，她目前已经是世界上最厉害的潜能激发大师安东尼·罗宾最高级的白金会员，几年前她就是我公司的顶级客户了。她对学习的渴望让我深深感觉到跟这个人合作是不会错的。或许有很多公司比金总的公司大很多、茁壮很多，也有很多人比她更富有，但是很多人没有她这样的态度。

公司的领导者决定了公司的生存与发展状态，有金总这样的老板，这样公司的定制产品也是令人安心的。这样的老板不断在自己身上投资，从团队身上学习东西，公司也不是看重短期利益、做短期经营。我想金总是追求企业永续经营的，这会让人有安全感。至少我教过的这么多学生，从中国大陆和台湾到美国、澳大利亚、加拿大、日本、韩国、泰国、马来西亚等，很少有这么持续、热忱地学习，这么为客户着想的老板，尤其她还是一位女性企业家。我非常看好“榕大”，我相信它一定会发展得越来越好，或许有时候过程不尽完美，但结果还是金总让客户感到满意。

在这里，我郑重推荐金赏月女士的这本书——《推开门就是幸福》，我相信她的创业故事会震撼你的心灵，这本书会给你和你的团队以前所未有的激励。无论未来你会成为她的客户、她的朋友，还是像我一样成为她的事业伙伴，哪怕仅仅是她的读者，这也是缘分的开始。她的热情、她的喜悦、她的善良、她的斗志……这些都将使你受益，她或许会成为你生命中的贵人之一。

洪豪泽

第 1 章　童年：家人给我勤俭、善良基因

Happiness in the Door

我出生在农村，家在浙江象山孝贤湾村。我妈妈文化不高，家里很穷，每次妈妈给我们买新衣服，我们都很开心。我是家里最大的孩子，我有两个弟弟。因为父母很忙，我和大弟弟是奶奶带大的，没跟父母在一起。

我小时候缺少安全感，因为不在父母身边，缺少母爱。奶奶家和父母家离得也很远，奶奶是三门人，父母在三门县做砖瓦厂，两家有四五个小时车程的距离。一开始我们也和父母在村里住，看他们做事。瓦片和砖片都是泥土做的，基本都是自己做，没请什么工人，做工非常辛苦。我们就是在这样的泥土里长大的。

印象中，车进来把泥土带过来，像一条长龙，砖泥都是湿的，拖到可以切的地方，然后切成一块一块的砖。用拉车拖到可以晒的地方，是一长列，要拖好几天，然后放好，放进窑里用火烧。砖烧熟了硬了，就可以盖房子用。我父母干活时，脸上都是灰尘和黑的泥土，衣服都很脏很脏，像修车时弄上了很多机油。没机会穿新衣服，只能穿很破的。干一天体力活，会大汗淋漓，需要很多精力。

那时候，干活时间很长，强度也很大，刮风、下雨都不能停。能不能吃得消你都得上，因为就这么多人。那完全是体力活，工作环境很恶劣，天天和泥在一起，非常辛苦。吃饭的时候我父母把毛巾放脖子上一擦，毛巾都是黑的。

我父母那种勤奋上进的精神，对我来说也是一笔非常大的财富，他们用行动教会了我勤奋上进。我家里的其他人对我影响也很大，我阿姨文化不高，但喜欢唱歌。那个时候有一台收音机，收音机是那个时代我们童年记忆里的宝贝。她爱听也会唱很多邓丽君的歌曲，歌和黄梅戏都唱得很好。我的家人能吃苦、勤奋和爱学习的特点都在无形中影响了我，我从他们身上学到了很多。

我父母做窑厂要用很长时间。做砖用的泥土要软硬适中，不能掺有杂质。一般的流程是：采集好的泥土，浇上水，浸泡20分钟，进行软化，然后用脚踩泥土，反复5到6次。再手工搅拌，使泥土最软，含水量适中，又有黏性。把泥团放入坯斗（用来做砖的模具）中，再上架，让坯土干燥，然后将土胚放入窑中，烧制成砖头。

砖窑上面要用水，都是一担一担挑上去的。我妈妈说我挑不动，当时我就想，我肩膀的力气够大就好了，我妈妈说我只要我脚走得够快就行，其实不是这样的，挑水是从下面上去，只走得快是不够的。烧窑的时候，为了保持火候，通宵不能休息的，要一直有人看着，而且要烧七八个日夜。中间要做毛坯，还要烧火，有时要用很多很多柴。等这批砖上市了，才能再买原材料，放在那里继续烧。

我父母的工作很多，毛坯自己做，水也是自己挑，不仅出力气干活，还要动脑子去卖，关键是利润也不高。我的整个家族都干这个活，包括我阿姨、小舅舅。我也会帮他们干一些力所能及的活，比如拿东西、搬砖、做菜、扫地、烧开水、照顾弟弟。

做砖的泥土不能太软，也不能太硬，土要没什么颜色的，毛坯要不软不硬的。把泥土拿出来，要尽快做完，不然裂了就不能用了；太干也不行，要看火候，遇到刮风下雨也不行，因为砖坯的形状会变，变形了顾客就不买了。所以什么都是有学问的，搬的砖头是成形的，没干的时候一个个放进去晒，等干了再叠起来，不能很快叠起来。为了帮妈妈做家务，我七八岁就开始做菜，我现在最拿手的菜都是那时候学会的，有田螺汤、茄子、梗豆、番茄蛋汤。后来大了就做青砖鱼，那个很补、很有营养。

我小时候，家里条件差，基本上过年我们全家才有鱼、肉等好吃的，平时都是没有的。大年三十，要先把好菜供了祖宗，我们一起拜过，还要等到初二、初三或者初六，亲戚在家里做客走后，才能动筷子吃好菜。

农村平常没什么好吃的。我记得有一次，我两个弟弟很想吃镇上的米胖（方言），那种用大米在炉里打出来的，像爆米花一样的。在街上打米胖的地方，我弟弟和我说："姐姐，我要买米胖吃，我要买米胖吃。""可是姐姐的口袋里没有钱啊。"我无奈地回答。打米胖的时候炉子里的热气很猛，开炉时很多米胖就会散落在地上，别人打米胖时候蹦到地上的，我的两个弟弟就会捡起来吃。由于地面脏，有灰尘，小弟弟手上沾满了灰。他在火热的火炉边看，出了汗用手擦，一来一去，脸就像黑猫似的。

平常吃的东西，我印象很深的是奶奶爷爷的腌菜。他们在田里种菜，然后腌菜，那是常年吃的下饭菜，主要用的是四季豆。奶奶自己做面条，煮了，放点盐，就像现在的拉面，很好吃。全是自己做的，不花钱买。所以，想起童年经历，现在每次去高档的餐厅及酒店心里都充满了感恩。我到现在都很节俭，钱要花在刀刃上。

这些好的习惯也是改变我命运的因素。现在我每天六点左右起床，起来后做运动、学英语。早起是小时候养成的习惯，那时候早上不起来，外公会喊我的，说公鸡都叫了，你还不起床。我的阿姨、舅舅在这种教育下也是非常勤奋的。

小时候爷爷奶奶对我影响也很大。他们自己种菜，养猪，用菜喂猪，猪长大了就可以卖钱了。养猪是辛苦的，猪生长的环境又脏又臭。奶奶养的猪饲料是她自己种的菜，有时会将菜收购回来，放在缸里泡好。由于经过很长时间的暴晒，再加上下雨下雪，那个菜有很大的味道，很臭。我帮奶奶喂猪，要把那个菜和糠混在一起，再放上饲料，搅拌了给猪吃。

喂了猪，手上的臭味怎么洗也洗不掉，手上一直带着那个味道，很难闻。去学校上课的时候，那些家里条件好、不干活儿的同学说："哇，你怎么那么臭？"这令我很自卑。其实也不是我臭，是干活儿沾上的味道，这还是让我有了深深的自卑感。无论怎样，我还是帮爷爷、奶奶干活儿，因为他们还要干别的活儿，没有办法。爷爷不仅种菜，还看地，干别的农活。爷爷和奶奶都是很勤劳、节俭的人，他们也把这些品质传给了我。

我爸爸是个非常有智慧、非常能干，又有商业头脑的人，不过他脾气急，我性格像我爸爸。我妈妈是个能干的家庭主妇。她非常大气，别人对她有一分好，她会还回去十分的，而且是诚心诚意的。当时家里条件不好，她自己也很节俭，但对客人却很大方，家里要是来两个人，她会做五个人的饭，对别人很舍得，从不计较。

她看到比自己生活还困难的人，一定会想尽办法去帮助。逢年过节，她会做一些好菜，煮一些鸡蛋，让我们给爷爷奶奶端过去，让他们感到一种关心和温暖。每年过年，她都会让我们去给爷爷奶奶、叔叔伯伯磕头拜年。从小我就看出了妈妈是个懂得感恩的人，我就是从她那里学会了孝敬老人和帮助别人。

小时候我最怕的事情是父母吵架。我爸爸喜欢赌博，这也是那时候我家穷的原因，而且他脾气也不好。只要邻村有赌博的场所，都会看到我爸爸的身影，有段时间甚至把这个当成了主业。

记得我十一岁时的一天，我与弟弟在家里做作业，突然门砰的一声响了。我就觉得不对，心想肯定是爸爸、妈妈又吵架了，连忙拿着手电筒顺着声音追出去，两个弟弟也跟着我一起出去。那个时候已经是晚上 9 点多了，外面伸手不见五指，我们只能顺着爸爸、妈妈吵架的声音一直前行。

到邻村一个叫“三五村”的地方，我们姐弟三人终于追上了爸爸、妈妈，就听到妈妈的哭声。我们看到妈妈一边哭一边对爸爸说：“你不要赌了，不要赌了。”爸爸说：“你不要管我，你们先回去吧。”妈妈就说：“那你把钱给我！”这时妈妈一把把钱夺了过来。爸爸看到钱被妈妈夺走了，非常生气，马上把 200 元钱抢了回来，对妈妈吼道：“给你钱，给你钱！”一把把钱给撕掉了。那些钱可是我们一家五口人四个月的生活费啊。我在这时嚎啕大哭，和两个弟弟用手电筒照着，把 200 元钱的碎片，一片一片地捡起来。

小时候，外公和外婆很疼我，让我感到很温暖。我和弟弟们经常去外婆家，因为没有人经常给我们洗头，我们头上长了很多虱子。到了外婆家，外婆坐在屋子里，叫我们趴在她腿上，帮我们抓虱子。那些虱子在头上，头会特别痒，抓住虱子，用两个指甲一挤，指甲上全是血。外婆帮我们把虱子一个一个挤死，然后用药水涂了头皮，再用布把头包起来，防止再次生虱子。可是一下雨，头发被浇上雨水，头上就又生虱子了。

每次我们去外婆家，她都帮我们抓虱子。我们坐在屋檐和阳台下，外婆帮我们一个一个地抓，有时候也把我们的头发剪短，有时候用蟑螂丸杀，这样虱子少了，就没那么痒了。不然真的太痒，太难受了，感觉有几千个虱子，把我的血都吸光了。外婆虽然会剪短我的头发，但不会给我剪光头，因为毕竟我是女孩。

我外公很和善，喜欢和人交往，朋友多、人脉广，也喜欢到处逛。

外公和外婆有八个子女，加上孙辈，整个大家庭有七八十人。到现在，外婆还经常拿鸡蛋、自己种的蔬菜等给我们，总是很惦记我们。我很爱我的外婆。

15岁时，放暑假了，我和邻居家的女孩一起，去石浦的罐头厂做临时工。那时发生了一件有趣的事，现在想想还觉得好笑。那是八月，正是炎热的夏天。我们宿舍没有洗澡的地方，就去罐头厂那边洗。我和邻居家的小姑娘第一次去，一进去看有一个年纪比我们大的女人赤身裸体地站在那儿洗。我们被眼前的情景吓得半死，又很害羞，以为她被我们看到会打我们。我们两个转头就跑，拼命地跑，一直跑回宿舍。

我们都是农村姑娘，在家里洗澡的时候也穿着短裤，擦着身子洗，没见过这样洗澡的。我们在宿舍里说，看到有人没穿衣服在洗澡，人家就笑，说那是淋浴，就是不穿衣服洗的啊！我现在想想还是觉得挺搞笑，那时候年纪小，多无知。当然也是因为生长的环境闭塞，家庭条件也不好，没见过什么世面，什么都不懂，傻傻的，很天真。

小时候我拍过一张照片，那时候我8岁。几十年前，拍照是很少见的，尤其在农村，这是我童年里一件很开心的事。在很深很深的、金黄色的油菜花地里，爸爸帮我拍下了那张照片，那种感觉非常美好，让人终生难忘。所以，那是一张非常珍贵的、我每次看了都会感到喜悦的照片。也正因为如此，我每年都要给孩子拍一组照片，记录他们的成长，在哪里并不重要，重要的是镜头里是当时的他们。

在我的童年，我很小的时候父母就不在我的身边，导致我从小就没有安全感；长大一点之后，即使父母都在身边，但他们吵架、打架，让我意识到生活充满了不确定性。另外，就是家里没有钱，吃得不好，穿得不好，不能去买想买的东西，在学校里没有自信。不过这些也都锻炼了我，很小就会喂猪、做饭、干粗活了，从小就给人一种阳刚的感觉，很有责任感，懂得保护身边的人。

我的父母、爷爷奶奶、外公外婆、舅舅、阿姨都是勤劳节俭的人，我从他们身上遗传和学到了这些可贵的品质；外婆的和善待人，外公的广交朋友也都成为我身上的优点。

我还是感谢我的家庭。虽然我的家人生活在农村，没有钱，没做成惊天动地的大事，但他们脚踏实地、勤勤恳恳，有土地所给的质朴和善良。他们在艰难的环境里打拼，即使吃很多苦，流下好多汗水，依然乐观地面对生活，依然愿意帮助和照顾别人，让别人感到温暖，看到生活的希望和美好。

在我看来，没有什么比这些人的品质更可贵，他们给我的东西，比巨额财富、成功的光环、奢侈的生活更加可贵。有了好品质才能有一切，才能不断地坚持，在任何条件下都创造出成果，并把好品质也传播给别人。还能和别人分享成果，让别人的生活也发生改变，变得越来越好。那种勤奋、节俭和善良，都是成就我事业的重要因素，没有他们的教育和影响，我就不会成为现在的自己。

第 2 章　教育：我父母说赚钱好辛苦

Happiness in the Door

我的学历很低，没有参加初中考试就结束了学习生涯。但那时候我喜欢看琼瑶的书，那里面有很多不同的美丽的故事，有丑小鸭变白天鹅的故事，还有贵族名门的浪漫爱情。那些画面我非常向往，深深地陷在里面了，它们带给我非常美好的感觉。因为自己家庭条件不好，对那种生活充满了憧憬。可能这也是我现在做高端原木定制事业的诱因之一。

小学我是在村里的学校上的，冬天教室里特别冷，就像没有窗户一样，有很大的风，而且都是寒风。地上没有水泥地板，书桌没有抽屉，存放书包的唯一工具就是书桌腿的两个支撑横档，用绳子绑着，书包就放在绳子上。上学要步行，下雨的时候特别困难，步行要二三十分钟。路很长，而且不是水泥路，是泥路，特别泥泞，走一次满脚都是泥巴。现在修成水泥路，从我家开车几分钟就能到学校。那时我们都是自己去上学，不像现在的孩子都是父母或其他人接送。那时候早上六七点钟起床，对几岁的小孩子确实很不容易做到。下雨的时候自己撑伞都撑不住，风很大，自己力气很小，走起路来很困难。

有一些人问我，初中没毕业的孩子很容易学坏，你为什么不但没学坏，反而更上进呢？其实主要是因为，当时家里条件不好，父母那么辛苦，我还有两个弟弟。

我的金钱观念是在父母影响下形成的，他们说赚钱好辛苦。妈妈那时经常唠叨，说家里没钱，东西匮乏，这个买不起，那个买不起，什么都缺。妈妈还常说："有钱你想买什么就买什么，有钱人家对你的看法也是不一样的。"当时我就认为，有钱就可以做到所有事情，没钱什么都行不通。当时我还小，以为钱真的很难赚，但是我就想我一定要学会赚钱，努力赚钱是我最想做的事情，排在第一位。

我妈妈还不断地教育我说："只要功夫深，铁棒磨成绣花针，凡事只要坚持去做没有做不到的。"这句话对我影响很大。同时她也告诉我一定要节约，有些人一有钱就变坏，但钱是不分好坏的。在学校，老师也常说："要做个好人。"所以我没有学坏，成长为今天大家认识的我。

爸爸很会做生意，小时候我们家做过桔子生意，到别人家去收桔子，然后增加点价格卖出去。爸爸把特别好的桔子放在最上面，和市场搞好关系，很快就把钱收回来了，卖一次成功一次。他很有眼光，有台风了，别人不去卖桔子，他也去。

我爸爸是个很有想法的人。我初中没读完想出去干点什么，那会儿爸爸希望我自己创业，他给了我一个必须做老板的理念。他很精明，钱都用在有用的地方，从我记事到现在他一直都是这样。我妈妈对人热情，姐妹很多，人缘很好。在与人交往这方面，我很像我妈妈。

不做砖瓦厂后，我爸爸就开始做捕鱼的生意，做了四五年，收入不是很好。我大弟弟弄了条大船，投资了 18 万，后来赔了。记得家里那时一下子负债 36 万元。有本书叫《秘密》，里面讲的是吸引力法则。妈妈总说赚钱很难，大概吸引来了那样的结果。现在我知道，你给客户创造了价值，其实赚钱就比较轻松了，赚钱很难的观念应该改变。

现在我非常渴望学习，这种愿望比一般人都强烈。和国外大师学习，我的潜意识里就像有一种瘾。其实主要是因为我知道，学习让我自身有很大的成长，能实现内在的蜕变，这对我的公司、家庭和我自己都有很大的益处。在我的价值观中，成长是非常重要的一个追求。我微信的个性签名是："永远快乐的秘诀就是持续不断地成长以及给予。"我把这句话当作自己的座右铭。我觉得拿别人东西的时候没有喜悦感，给予的时候是有快乐感的。

我很热爱销售，在这方面我很有天分，我觉得销售能帮助客户解决问题。因为我很重视销售，企业文化的建设就被我忽略了。我发现我们的团队很好，但伙伴们的潜能可能还是受到了限制，没有被全部发掘出来。我发现，其实他们每个人都很厉害，我不在的时候，他们反而成长得更快，不断绽放，这说明他们的潜能可以更好地发挥。从另一个角度来看，我觉得这是一件美好的事情，他们真的很好。

如果一个人的价值观是升华，他就会考虑升华方面的问题。我的价值观是成长，所以我把更多的时间放在了成长上。这种价值观带给我的改变是：让我拥有了正能量的环境，也给了我很多全世界顶尖的资讯。

人与人的价值观会有差异，我想我学历不高，如果我不持续学习，可能就不会有现在这样的领导力，也不会有公众演说的能力。很多事情是要不断去改变的，变得越来越好，那种改变是由内而外的，而且要真正运用到实践中。其实细细想来，初中的时候我就已经有了学习的愿望和成长的价值观，那时候就已经开始看一些书，并结交积极的朋友。25年来，我每天都看书。我有很多书，这也是我的一笔巨额资产，无论在办公室，还是在家里，最多的都是书。

有几本书给我带来了很大改变。一本是卡耐基的《人性的弱点》。这本书启发了我，让我心里有了信念，变得自律性更强、更上进、更勇敢、更坚强、更有毅力。**你只要勇敢地去做，没有你做不到的事情。**这本书我看了不少于 10 遍。

另一本是《中国企业为何而败》。这本书分析了中国企业家失败的原因，很多是企业家自身的问题造成的。我始终提醒自己，不要出现和他们同样的问题。

中国人应该有自己的目标和使命感，我们要有让我们自豪的品牌。所以只有不断成长、不断创新，拥有更大的力量，才能保持中国人的优良文化传统。还有《汪国真的诗集》和《席慕蓉的诗集》。作为女性，我有浪漫的情愫。我小时候喜欢看琼瑶写的书和一些励志书。知识的力量是无穷的，一个词语、一首诗都能带给我无限的遐想和美好的感受，**字里行间的美好让人马上拥有当下的喜悦，那是一种很有生命力的感觉。读书能让我动力十足。**

同时，我也跟着名师学习，安东尼·罗宾的课程非常棒，我是他的白金会员。跟着老师，在全球各地区学习，非常有体会。宇宙让人有所领悟。“**宇宙是我们的游乐场，爱是我们的传承。**”这是白金会员的经典语录。全球几十个国家里渴望成功、追求卓越的精英，用爱心和贡献一起成立了团队，感情就像家人。安东尼·罗宾老师选择了全球最有感觉的地方给我们上课，比如美国、加拿大、印度等。去每个地方都给人无与伦比的体验，我们平常很难见到的人，他也会带我们去见。

我上过加拿大的财务课。学到的最重要的三点：第一个关键是，不要亏钱，永远不要；第二个关键是，降低税收；第三个关键是，分散你的投资，要把资源做配制。比如你把**资金的三分之一做安全投资，三分之一做成长投资，三分之一做梦想投资**。什么叫安全投资呢？假如你一年赚 1000 万，那你就拿出 30% 也就是 300 万，放在较为安全的投资类型上，比如购买黄金、债券、保险、基金等，这些都可以保值；另外是成长投资，拿出总资产的三分之一，投资你的事业，或者有风险但是有利于自己及事业成长的事情；最后的三分之一是梦想投资，要及时奖励自己。

如果为了赚钱对自己非常吝啬，那么你的生命会缺乏光彩。你可以买十亩土地，在海边按照自己的意愿建一个会所，买梦想中的车子、别墅，甚至飞机或小岛等。要学会奖励自己，这部分钱就是用来完成自己梦想的。我的梦想是买个小岛，有会所、游泳池、高尔夫场地，请家人和来自全球各地的白金会员同学，还有朋友来玩。**我脑子里有这个画面，我相信一定会实现的**。

我学到的比较深奥的，是不对等的投资报酬这个概念。比如我想在 2015 年做一个花园式的工厂，这个事情一定要完成。和招聘一样，要把漏斗变大，从 10 个到 100 个工厂中来筛选。我来选择，决定直接控股还是直接收购。我要把这个工厂弄成综合体，有生产、展厅，有类似会所那种让客户休闲、娱乐的地方，一定要很齐全，很精致、舒服。我的工厂和别家的工厂核心竞争力不一样。它不一定是最大的工厂，但一定是能够帮助客户解决问题，让人觉得干净、放心的精致工厂。它的能量场要很强，要有很好的工作氛围，要设有读书室、咖啡室、跑步机、篮球场等，如果家具厂也有这样的环境多好。我要从方方面面去想，给员工一个温馨舒适的环境。

我经常全世界地走，比如去夏威夷，那里的风景，给人一种人间仙境的感觉。那个环境让人去了就不想走，你会觉得心胸很开阔，感到人生是无限美好的。我当时就想：以后的新工厂能有这样的环境该多好啊，能给更多人带来愉悦感。

有件事就让我很激动，我一个朋友做品牌代理商，他打电话问我新的工厂是否已经做好，他一直难过的就是找不到好的工厂。我们是朋友，我比较了解他。他要求工厂经营理念、工作、形象都要好，还要求交货期准，给客户带来好的服务，能够站在经销商的角度去考虑。不只他这一个经销商有这样的要求，我自己也是经销商出身，我很清楚经销商需要什么。很多经销商感到痛苦和困惑，是因为国内的很多工厂在产品、团队、服务等方面还有很大的提升空间，他们需要拿出真正的VIP 服务。

大部分工厂把赚钱当成第一目标，而非创造伟大的产品和公司。大多数工厂不愿意这么做，或做不到，这和管理者的眼界、格局感有非常大的关系。我这个朋友不断地说，金总，你去做吧，肯定可以的。他这么说，是因为看到了我持续的成长、蜕变，及对品牌的坚持。想着这些事情，我特别感动，晚上都难以入睡。

我自己下了决心，未来十年，只要安东尼·罗宾“白金会员”的课程还在，我会一直跟下去，因为他的课程真的让我受益匪浅。托尼（安东尼·罗宾）在全世界搞活动，他每次都分享整个活动，我也愿意像他一样，把更多的爱和感恩回馈给社会。我们在杭州做市场，会坚持组织活动。我们早就制订了计划，“榕大”的“名媛会”两个月组织一次。现在核心主管们在培训，每天在微信群上发“榕大”的事件和照片。苹果的蓝图刺激了我，我想做出一个苹果那样的令人尊敬的公司。

我受的教育，是由家庭、学校、社会三部分组成的。我的家人勤劳、质朴，对这个世界充满善意，所以我也有这个特点。我希望自己和别人都变得更加美好，多给予别人一些，我就会更加快乐。

多年来我在工作中向接触的客户学习，向学校里的导师学习，向最有结果的人学习，收获真的很大。他们打开了我的眼界，让我知道这个世界很大。很多事情不是我原来想的那样，我们可以用大胸怀对待很多事，我们可以更宽容地对待很多人，很多事情可以通过理性的选择、合理的方法做得更好，取得想要的结果。我们可以把事情做得更专业，可以用真诚和善意感动很多人。

当我们自己的思想境界提高了，事业自然会上很多台阶，人生也会越来越有意义。我发自内心地感谢教育和影响我的家人、客户、老师、朋友。

第 3 章　**价值观：**
我做很多事是出于爱和感恩

Happiness in the Door

我当时没有继续读书，家庭是一方面，成绩也是一方面，那时候我学习成绩不是很好，只能算中等。现在我每天都看书，汲取知识，你甚至能在很多学习场合看到我。这么做除了有弥补小时候读书不多的心理，也因为在创业的过程中，发现自己有很多不足。

记得有一次看《李嘉诚传》这本书，他说“**知识可以改变命运**”，他那么成功了还在不断地看书、学习。受他的启发，我发现自己有很多不足后，就非常渴望学习，发现学习非常重要。这几年我在全国各地，甚至飞到国外去学习，学了很多东西。比如参与公众演说活动，学习演讲；参加李践老师的“盈利模式”课程、陈安之老师的弟子班、李海东老师的“企业成功七步曲”课程及总裁组、超越极限的“影响创造奇迹”课程、智慧之光的“宗教智慧”及“运营智慧”课程等；飞到国外学习世界级潜能激励大师安东尼·罗宾的课程，和商业大师学习，上商业大学等。**我感悟最深的是“价值观定终身”这句话，价值观就像人生的导向图，指引我们**。我们树立对的、明确的价值观，才可能有美好的人生。这些卓越的导师在不同的领域打开了我学习的开关、智慧的开关以及品牌运营的开关，他们都是我非常尊敬和崇拜的导师。

例如我自己的价值观，第一个就是爱与感恩。爱有很多含义：爱自己，爱家人、朋友，爱公司、团队，爱城市社区，爱国家、民族，爱人类，爱生灵万物。这都是爱的表现与层次。我个人认为，首先我们要学会爱自己，如果你连自己都不爱，或者不知道怎么爱，你根本没办法去爱身边的人和其他的一切。我觉得爱自己最基本的就是保持身心健康。比如运动是爱自己的表现，我会给自己定个目标，每周至少游泳两次。

一般情况下，每天早上去公司或者在家，我都会吃营养早餐，还有不同品种丰富的水果，橙子、蓝莓、猕猴桃、哈密瓜等，至少有四五种水果。还有干果类，芝麻、山药、枸杞、核桃仁、红枣等七八种，把它们磨成粉，加蛋白质与蜂蜜，使用搅拌机拌起来喝。

现在吃健康食物成了我的目标，从七八年前我就开始坚持，不吃垃圾食品，比如不吃油条，不喝可乐。我到了服务区，那里的东西，除了水果我都不吃，一般也不会给员工吃，因为我知道那些东西不好，除非他们特别要求。一开始我不知道怎么定义垃圾食品，都是后来慢慢学到的。我感觉自己现在比以前更有活力了。

从运动到饮食，还有其他方面。在睡眠方面我也很注意，早上6点左右起床，一般不会太晚睡觉。在心态、情绪方面，我也做了一些改善，以前我脾气很急，所以现在我常常早起静坐、冥想，阅读好的书籍。**我从安东尼·罗宾那里学到，每天早上一醒来，就提醒自己想那些值得感恩的事**。比如，想三件感恩的小事情。想想我和洪泽豪老师谈合作；即将开拓上海的市场；我先生支持我不断学习、成长。这样我就会非常开心，内心充满感恩，一天都会有好心情。

无论去到哪里，都会感恩身边人的服务。无论住一两百元钱的快捷酒店，还是五星级酒店，我都会很开心，因为我是用感恩的心去体会这件事情的。以前我也不知道怎么去感恩、冥想等，是后来慢慢和老师学会的。

现在你正在阅读的这本书，也是出于我的爱和感恩。我学到很多失败和成功的经验，我希望自己是河流而不是水库，希望把我的经验分享给大家，帮助更多的人。我想和你们讲讲我的故事，将自己 25 年的经验分享给大家，让你们知道我是如何创业成功的，是怎么赚到几百万、几千万的，我可以教你怎么做。

其实我的经历算是丰富的，我也对这些做了总结。创业 20 年，那些心得我想还是有一定价值的。我要在 2015 年办个花园式 20 周年庆典，回顾自己创业的 20 年。我觉得这非常有意义，中国民营企业的平均寿命不到 2.9 年，我们的公司能够经营到今天，幸存下来，和团队伙伴、客户、亲人、导师、朋友、同学的支持帮助是分不开的。我希望“榕大”这个品牌生生不息。

在我的价值观中，位列第二位的是智慧。我觉得，如果你无知，就会什么都得不到，很多人能做到一些事，他一定知道了我们不知道的，掌握了我们不懂的信息。我们可能不知道很多东西，比如去创造品牌，下定很大的决心去做很大的市场，提高自己的领导力，让团队更有战斗力。

人有知识、有智慧，可以到全球的很多地方去开拓市场，比如美国、澳大利亚，没有攻不下来的市场。知识和智慧很重要，如果没有，就会懵懵懂懂，很难做出判断。就像可口可乐公司、巴菲特的公司，只要有人在，一切都可以重来，因为他们有足够的智慧去做事情、解决问题。

情绪控制其实也是智慧的一部分。前几天，在上海有很夸张的一件事情。警察让司机倒退，司机因为有情绪问题，就是不退，开车把警察拖得很远……这个司机就是没有控制住自己的情绪，缺乏智慧，不懂得问自己一些问句。**好的问句，会调整自己的情绪**。他没有问自己这件事情的后果是什么，这么做想要的结果是什么。他想去和朋友约会，一瞬间没控制好情绪，带来的结果可能会让他后悔一辈子。如果有智慧，会配合警察，和警察沟通，问自己一些好的问句，事情就顺利解决了。面对这样的问题，真的要从自己身上找原因。

在我的价值观中，第三个是贡献。人这辈子不是成就什么，而是贡献什么，你能给出去的贡献，将是你这辈子最重要的资产。

在我的价值观中，第四个是诚信。没有诚信很多事情都做不成，只有别人信任了你，才愿意和你合作、把资源给你，才能实现共同的成长，走向成功。

在我的价值观中，第五个是创新。创新是一种比石油还珍贵的品质。我觉得人其实不会自动成长，只有不断学习、思考、创新，才能有所成长。比如我只开发一个产品，只有一个销售渠道，如果研发出第二种好产品，开发出第二条销售渠道，我觉得就是一种创新；比如搞活动，每一次都不一样，满足不同人的需求，那也是创新。

比如说同样是做高端原木定制，我的公司就和同行有很大的不同。现在不仅我们同行，很多公司都很浮躁，只重视订单，看利润，不那么注重企业文化建设和公司系统的打造，而我非常重视这两方面。因为**我明白企业文化建设和公司系统打造是企业的灵魂，有了企业文化、信念和明确的价值观，才能按照标准执行，不断复制出新的团队、优秀的企业**。我要定好的制度规则，做到标准化、流程化和系统化，而且做到打造出来的系统是可以复制的。福利待遇、晋升制度等方面我会尽可能创造更好的，只要舞台够大，有了梧桐树，才能吸引来凤凰。

“榕大”的企业文化中最重要的一点是，用我们的产品，让客户生活得更加幸福。幸福是人的终极目标。赚钱是为了什么？买直升机干什么？买豪宅为了什么？你买宝马、奔驰、宾利、法拉利、兰博基尼、玛莎拉蒂等这些名车又是为了什么？这些都是想让你有好的感觉，有好的感觉才感到快乐。赚很多钱可以让孩子、家人、父母脸上有光，幸福快乐是所有人的终极目标嘛。如果我现在就可以创造很好的企业氛围，有快乐的企业文化，那是不是会有更多人愿意加入我们的公司？

当然，也不是什么人都能到我的公司上班的，价值观一致很重要。**我相信去成就一小部分人比较现实，佛度有缘人嘛**。我筛选人才的标准比较高，也就是进来的门槛高。我可以给你很好的待遇，但我的标准你必须要严格遵守，不管有什么样的关系，保持高要求这一点是不能变的。合作伙伴也好、核心团队也好，不管是亲戚朋友，还是老乡，从工作层面上，制度和法律大于信任关系，不然很多事情是没办法执行的。这个新开创的企业，我要用严格的标准要求员工，我不浮躁，扎扎实实，一步一个脚印地来，我相信自己一定会成功的。

做市场，要先做铺垫，先扎根，再慢慢成长。先把团队建设好，团队是最大的无形资产。有很多错误的案例，都是公司在这方面没有做好，我有亲身体会。比如合同不规范，导致应收款收不上来；或者因为小小的疏漏，比如员工态度不好，甚至态度恶劣，和客户吵架，客户觉得员工素质不高，不愿意再继续合作。

所以，如果没有严格的标准系统，下单也可能因为小小的错误使成本翻倍，损失很大。那这个后果谁来承担？还是公司承担。因为流程没有标准化，没有严格的监督、审查系统，只能是公司自食其果。

不改善这些情况，是做不大的。**世界上所有的大公司，都在经营信任、建立系统、建立标准，都在建设最优秀的企业文化。没有系统是企业的灾难。**

要做一流的公司，一定少不了人才，因为任何优秀的公司都少不了优秀的人才。如果你的团队很糟，那你的梦就是一场噩梦。

在我眼里，**首先，优秀的团队一定是懂得爱和感恩的团队**。作为管理者，以身作则非常重要。

其次，优秀的团队是价值观一致的团队。你说创新，他却每天想着混日子；你说要有智慧、要付出时间学习、要去听演讲、要像专业人士学习，他却想着一劳永逸。这样的团队怎么能行呢？

再次，优秀的团队一定是积极向上、充满热情、健康、有能量、有活力的团队。让客户一进公司就感受到很阳光、很有能量的气氛，在穿着、形象、举止、谈吐等方面都要达到一定水准，要是那种高大上的团队。

最后，优秀团队一定是与时俱进、有危机感的团队。一帮人成就一件事情，一个公司共同做一件事情，要不断努力，不断学习和创新，知道有很多问题需要我们注意和妥善解决。

其实，人的价值观是随着时间、经历的变化逐渐变化的，自己价值观中那些重要因素的顺序也是可以不断调整的。十年前，在我的价值观中，排序第一的是成功。相对来说那时候我比较无知，一心想着成功，不知道要先付出。

虽然一直是自己做生意，但也有过身上连几千元钱都没有的日子，内心是很恐惧的。因为妈妈常和我说，你有钱的话，人家看你眼光就不一样，有钱别人就看得起你，没钱很多人会看不起你。我一直被灌输这种观念，它已经深入我的潜意识。

在我的价值观中，第六个是专注。持续地把目光和精力放在一个领域，挖深、挖透，只有这样才能把事情做好。

想确定自己的价值观，首先要问自己或者你的员工：生命中什么才是最重要的？如果是健康，那就把它写下来；再问第二重要的是什么，如果是快乐，就把它写下来。不断地去问，有些人会觉得是自由，或财富，或创新，或是爱、成长等，每个人的价值观都不太一样。

假设你发现员工的价值观和公司有偏差，可以用引导或不断分享的方式来调整他的价值观。比如一个人的价值观是自由，你要问他对自由的定义是什么、自由的前提又是什么。有一个不容忽视的问题，是拥有财富才会身心自由。我们要去调整他的想法，让他知道成功是要有付出的，是要不断地成长。

你如果天天睡到自然醒，那确实是自由，但没有任何付出和努力，那种自由只是自己的感觉，不是真正意义上的自由。**你往正确的方向上引导他，就能调整他的价值观。**如果双方价值观不一致、偏差很大，会导致执行任务没有效率和效果。在这种情况下，可以给员工一到三个月的时间去调整，如果他无法调整好，那只好放弃，选择和公司价值观一致的人来为公司服务。

我觉得任何一家公司的核心都是企业文化和价值观，它代表了企业每天行动、行为的表现。如果公司的价值观是感恩，员工就会感恩，会去帮助别人，整个企业就会形成一种感恩的文化；如果企业的价值观是学习、成长的话，员工就会持续学习，去参加培训，进行产品、专业知识和技巧的学习等，他们会表现为各种方式的追求成长的行动。守时也是人的价值观中一个很重要的因素。

我的企业不能接受的是员工在价值观中将“自由”放在第一位，因为自由就意味着他不太会接受加班和工作变动等；还有在价值观中把“安全”放在第一位的，他会不敢冒险、故步自封，缺乏创新性；另外**不能接受在价值观中把“享受”放在第一位的，**因为那样的员工会缺乏上进心，小富即安、安于现状，追求一劳永逸，能为公司做的贡献较少。**我的公司要建设的团队是向上而有高品质的团队，**所以我希望员工的价值观和公司能保持一致，这样大家一起做事情会更有效率、有更大的成果。

我们都需要一种价值观来指导我们的人生，那是我们在工作和生活中做很多事情的标准。有好的价值观，你就会更理性，内心也会更柔和，不会让事情任意地发展，走偏了方向，无法收拾。没有好的价值观就会相反，你的事业可能会很乱，生活也会失去衡量的标准，很难让自己的人生有序地发展。所以**要向身边优秀的、有修养的人学习，学会爱与感恩，有智慧，懂取舍，形成好的价值观。**

第 4 章 **那些做小生意的日子：**

那一年我有八万元的收入

Happiness in the Door

我在初中时，暑假出去赚过钱，当然是零花钱了。我们那里的小桔子熟了之后，好多会掉到地上，我们捡起来是可以去卖的，几元钱一斤，其实小桔子很重，真的可以卖出一些钱。象山有海鲜、水产，有虾、蟹、鱼等，我干的活儿就是分类，用筷子把它们拣出来。比如我把虾挑出来100 斤，老板会按一斤多少钱给我报酬，分类一次能赚到几十元钱。有时候我买一些便宜的虾、蟹，拿回来给家里人吃。那时觉得很开心，能赚钱，又能自己家人吃，可以提高生活质量。

有时候和小学同学一起，去农贸市场批发水果，两个人用担子担回来，拿出去在船边上卖。比如一元钱一斤批回来，一元五一斤卖出去。棒冰也卖过。我们卖完一天再分钱。这些小生意，能赚钱，也很好玩。

后来我爸爸偶尔收桔子，做桔子生意了。我小弟弟负责记账、算账，我负责联络村民，去问谁家有桔子，要去很多家问。收购完了要先整理，包装好，我也帮忙打包装。爸爸把好看的桔子放在上面，再一摞一摞搬到船上。要雇一条大船。记得每次去舟山时风浪很大，而且每次都要走五六个小时，甚至七八个小时。在舟山卖过后，再把船开到岱山沈家门去卖。我当时有些晕船，很想吐。爸爸做这个生意前后有四五年的时间，我有空的时候就跟着爸爸一起忙。

后来我在温岭打过半年的工，在鞋厂工作，半年以后就开始自己做生意了，养鸡。第一次养鸡是和表姐、小姨妈合作，大约一年后，我就自己养了。大概有 1500 只鸡，我一个人做所有的工作，既是饲养员、搬运工、清洁工、医生，又是销售员，什么都要自己完成。那时我只有 18 岁。

印象最深刻的是，冬天养鸡棚里面和外面温差特别大。外面非常冷，有时候是零下几度，养鸡棚内的温度是 28 度左右，在棚内烧煤球炉子保证温度，因为够温暖才能保证小鸡的存活率。晚上要给小鸡喂食，还要拿煤球，把它填进炉子里烧。这样在养鸡棚里外，进进出出，一冷一热，而且很疲倦，很想睡觉，这个过程对身体和意志都是很大的挑战。

鸡饲料也很重要。记得当时我养的小鸡的存活率是 96%，是非常高的。**我是做得很好的，那时候邻村的几个小伙子都过来向我学习，当时有一种成功的感觉。那一年我把鸡卖掉后，有了八万元的收入。**在 20 年前，这是很大一笔钱了，当时都很倡导万元户，这也是我的第一桶金。后来我又养了甲鱼。那些都是和泥土打交道的活，又脏又累，现在想想那时做的小生意，觉得自己还是很能吃苦的。

有一天，我正在喂鸡的时候，表姐来看我。她穿着黄色连帽大衣，收腰式的，帽子上有白色绒边，穿着小脚裤和短靴，盘发，像空姐一样，很好看。我穿着深蓝色过膝不合体的大衣服，戴着深蓝色浴帽一样的帽子，又脏又邋遢，手也很粗糙。表姐真的很时尚，我惊呆了，羡慕得不行，觉得她像个公主；再看看自己，活像一只丑小鸭，一点自信也没有了，真想找个地洞钻进去。我虽然长相比表姐好，但看当时的打扮，真的完全赶不上，那时候手也很粗，还不如现在细腻、有光泽，所以我当时很往心里去。

表姐在镇上开五金店，我在农村，我很羡慕她，对她的生活很向往。于是我下定决心，把鸡卖掉，学着表姐去开五金店了。我行动力很强，很快自己就把店开起来了。那时正是弟弟弄船家里赔钱的那一年，我只有 8000 元钱做成本，进了钉子、铁丝、电表之类的货，印象中的第一个订单是 57 元的电表，会转动那种，那个电表算是正式开启了我在城里做生意的道路。

打工和做小生意的经历告诉我，很多事情是可以创造、可以实现的。我最大的能力是销售，我的客户成交率很高。主要是因为我心地善良，**我先想到的是怎么能让客户不担心，他有困难我可以帮他，我先了解他的需求，再去满足他。就像点菜一样，你要先知道人家喜欢吃什么，再去点那些菜。有的时候人家可能不知道你能帮助他，所以你要多和他沟通，让他知道你确实能够给他提供一些方便。**

做生意多年，我感触比较深的是，信念非常重要。就是不要向命运屈服，要有不怕困难的决心。就像我对着客户谈项目，我是没有恐惧的。**无论他是多有身份的人，即使身家百亿，我也自信能帮助他。所以我会去了解他需要解决的是什么问题，尽己所能地去帮他解决，这样我们就很容易合作了。**我喜欢挑战，不怕苦，我想做的事，总能实现，在我眼里没有不可能。

父母不喜欢我做这种粗活，但我不是这么想的，我自尊心强，争强好胜。我想养鸡、养甲鱼时，就直接行动了，不会动摇。但我也有很无助的时候，有一次一下子死了 50 多只小鸡。虽然我养鸡是为了赚钱，但当我面对它们的时候，也不完全把它们当作赚钱工具，它们在我眼里也是一条条生命，我在它们身上倾注了很多感情。

当时我无法掌控那个局面，内心无比痛苦。亲手养大的生命，就那样一个个没了，我怎么能不心疼呢，所以流了好多眼泪。在这方面我很敏感、脆弱，看到小猫、小鸟受伤我都会很心痛，会给它们包扎。我觉得人应该有爱心，世间万物都是有灵性的，我们要懂得珍惜。

第二个感触是一定要向有结果的人学习。我养鸡就是跟对了人，开始我不懂养鸡，就看书，研究如何采蛋、节省饲料、育苗、保证存活率等。那些小伙子那么强壮、那么有力气，养鸡还不如我，就是差在了学习上。我当时拜了师，养五六年小鸡的人，我买了礼物上门去求教，做懂事的学生，每次请教老师我都诚心诚意、谦虚谨慎，这样老师就很愿意教我了。

要开拓市场，这是我热爱的事情，“榕大”木业令我热血沸腾，我在这个品牌上倾注了太多感情，似乎我就是为这个品牌而生，它就是我生命的一部分。

做“榕大”最开始的也是从小生意做起，一步一步走到今天。我要把“榕大”打造成中国原木定制第一品牌。这个梦想其实很大，也很激励人心。我为什么一定要这么做呢？因为很多事实证明，人们通常不会记得第二名、第三名是谁，只知道第一名是谁。**安东尼·罗宾说过：“大多数人高估了自己一年所能做的事，低估了自己十年能做的事。”**比如“榕大”在杭州一年两年做不到，三年五年也不行，那么五年、十年，我不断反省、调整、坚持目标，我想总是可以做到的。有行动就一定可以做到，做到浙江省第一，就可以做到华东第一，不断地去复制。

要做好市场，先了解那里的第一名是谁；我们的差距在哪里；我怎么做，用什么服务系统，才能成为第一，更好地服务客户。要做好这些功课，把问题列出来，一个一个去回答。你有这种愿景的时候，就会不断地去做，这样全心全意地为客户创造价值，用三年五年时间做到地区第一，一直这样下去。市场和口碑两方面都上来了，你很快就是中国第一品牌了。

最重要的是持续聚集，你把注意力一直放在这个目标上，三年、五年、十年，你的力量、你想要的一切资源，都会被你吸引过来。**持续聚**

集，更专注地迈向自己的目标，目标很快就能实现了。

在进军一个市场之前，首先要建立优秀的、卓越的销售团队。**一个企业一定要有一个好的销售系统**。在这方面，我们的举措是：

第一，"榕大"会制定出一本员工守则，包括规章制度、执行手册等。什么可以做、什么不允许做，这些都要有明确规定。工作流程、员工待遇和晋升空间里面也会有，这是必须先完成的事。

第二，要不断地精进"榕大"的销售系统。对于之前销售系统中的八大流程，我每周一开会去完善，主要是围绕**怎么更好地服务客户**。这套系统对我们"榕大"是有很大帮助的。

我很感谢当时培训我们的，来自香港的教练李海东。参与了"企业成功七步曲"课程，我才知道什么是管理，什么是系统。自己原来真的很无知，以为会做销售就是会做管理。其实管理是一门课程，一切问题的根源都是自己。我印象最深的，李总教练说过的话是："自己站不稳，别人靠不住！"后来有幸参加了李海东教练的"创域总裁组"。记得有一次，我在会上被教练批了整整三个小时。我穿着高跟鞋，一边被"烧烤"，一边哗哗地流眼泪。因为很多时候，是自己的原因，没有达到标准，心里感到愧疚，所以忏悔。

李总教练教导我们的——从以自我为中心到以客户为中心，从虚伪到真诚，从急功近利到思利及人，都深深地影响了我。到今天，我都把这三句话作为方向和目标。李总教练将中西方文化、思想结合，并将其运用到企业实际行动中，这对我的帮助和启发也非常大。

从员工进公司开始，从基本的规范，到八大销售流程系统；**从一开始如何挑选客户、了解客户、给客户做报价、和客户沟通，到进行后期测量安装、收工结款，让员工一进入公司就开始学习这些，我亲自去培训他们。**

第三，要打造“榕大”的服务系统。这个系统一直想做但没真正实施，未来一定会落地。就是**公司要有自己的疯狂粉丝，**从客户购买“榕大”产品，喜欢我们产品，到之后以拥有我们“榕大”产品而深感自豪，成为我们的粉丝。我们对其进行跟踪记录，把这些信息明确化，用来指导我们未来的工作。**当客户真正认同我们的产品时，他会向别人介绍我们的产品，形成转介绍系统。**

为了更好地服务整个华东地区的客户，我准备在近三个月内建起一个这样的特别工厂，让它在华东地区形成一个基地，最终更好地服务客户和员工。让他们有好的环境、好的氛围，让他们对公司有信任感，认同感。基地是必不可少的，以后还可以招商。“榕大”的员工守则和销售系统已经慢慢完善。

“榕大”八大系统是整个销售的流程。第一，收集信息；第二，项目定位；第三，明确意向；第四，客户需求；第五，提供方案；第六，项目分析；第七，成交；第八，售后、安装测量。

2009 年，我学到的最多的观念和方法是企业的市场调研。一家公司要彻底了解竞争对手，才能做出最好的决策，所谓“知己知彼，百战百胜”。第二个是客户的选择，要学会把客户做分类，给他们分类后你会发现，80% 的业绩其实是 20% 的人创造的，**人的精力是有限的，要把最优质的资源用在最优质的客户身上。**

我经常和团队的人说选择客户非常重要，当然我们选择员工也是一样，不是每个人都适合公司。那一年我还学到了一些财务管理方面的知识，比如成本的意识，10–8=2，而 10–7=3，所以减少管理成本是增加企业收入的一种方式。这个概念深深地感染了我，我激动得热泪盈眶。当时这对我运作企业真的有很大的帮助，它让我知道如何去选择客户、如何更好地去做企业。

做生意其实是一个过程，是不断进步的，积跬步至千里，做小生意是做大生意的开始。做小生意，无论能不能赚钱，都会有巨大的收获。那是认识买和卖、知道怎么服务的开始。**你学会了计算成本和收入，对客户有好的态度，给客户提供好的产品和服务，和上游批发商搞好关系，占据好的销售位置，摆放好自己的货物，关心自己的产品质量，不断向别人请教，遇到困难时不放弃，吃了苦也不抱怨，赚了不沾沾自喜，赔了还能再来一遍，或者绞尽脑汁想找更好的项目，你已经成功了一大半，这些都是做生意必须要会的。**生意大小有别，方法却相似，做小生意时积累的经验、胆识、判断力，做大生意的时候都能用上。做好了小生意，做大生意也会很快进入状态，得心应手。

做了这么多年生意，我觉得生命其实是个服务的过程，我内心深处本质上没有太大的改变。不管签大的订单，还是小的订单，我都去做好当下力所能及的事情，**我生来就是为他人服务的，**真的觉得，在当下每分钟活出精彩就足够了。一定要说我有什么改变的话，就是我现在可以帮助更多人了，希望以后服务的人更多一点，影响到更多人，为更多人的生命带来改变。

我觉得宇宙万物都是有能量、有频率的，我们只是宇宙中的一分子而已。**生命的意义是为他人服务，**我无论是要打造中国原木定制第一品牌，成为龙头企业的女总裁，还是之前养鸡、养甲鱼，我想很大的一个作用都是影响我的后代。让他们明白，**人应该有追求，而且要懂得为别人服务，给别人创造价值。**有我这样一个祖辈存在，是一个很有意义的事情，这是生命的一种状态，也是我生命的很大的一个价值。

实现“榕大”的目标，是我最大的梦想，我现在最想做的事情，就是为这个社会做点贡献。比如比尔·盖茨，曾经 13 年蝉联世界首富，每年都不断去做慈善，不断为社会做贡献，去帮助更多人，他的生命变得更加有意义了。我为什么一直跟随安东尼·罗宾学习，因为我感受到了他的爱和能量，他打开了我人生感恩和爱的开关。人生永远不会到达顶峰，你要不断去创造，去回馈社会，这样你的生命就会越来越丰富。

无论我是什么身份，“榕大”的CEO、总裁，还是以后上市公司的董事局主席，我都还是我。我拥有童真、感恩的心、健康的身体、正能量的朋友圈子、我爱的家人和团队，一切都是最美好的。

人一生中最重要的事，就是活出最美好的自己，发自内心地臣服自己，愿意放下。我现在可以去世界各地学习，顺便旅行，这也是放下的过程。这个世界少了谁都可以，少了一个人，地球依然转动，太阳一样每天从东方升起。有时候你很重要，有时候你没那么重要，无论怎样，对你自己而言，你都是最重要的，所以要成为你想成为的那个人。

第 5 章　契合的一对儿：为帮我他差点掉进河里

Happiness in the Door

说到家庭，我是感到幸福的。我和我先生是在同一个村长大的，住得很近，算是邻居，我们相差五岁。在我读书的时候，他就已经长得很高了，平时我们并不怎么接触。说句实在话，当时我内心深处并不想找个同村的。我先生（阿华）和我爸爸、妈妈、弟弟，还有一个堂哥，关系都很好。他们都非常看好他，那时他是我爸爸的事业伙伴，算是我爸爸的下属。我爸爸特别喜欢他，觉得这个小伙子不仅长得又高又帅，为人也很好，我妈妈也说他性格好。

记得有一次，我小学同学也都在我家，那时老家的阳台是自己弄的，很小，是水泥地的。我们几个人一起聊天，说小学时候和读初中时候的事情。那时我刚从温岭回来，温岭相对于农村算是城市，所以别人看我有城市女孩的感觉。我五官长得好，个子也高，气质就很不错。大家聊着聊着阿华就过来和我们打招呼，我出于对邻居的礼貌，就招呼他，给他搬凳子。后来阿华和我说那时他对我印象很好，觉得我比其他女孩懂事、有礼貌，说起话来让人觉得很舒服。这算是我和阿华缘分的开始吧。

那天以后，他并没有追求我，直到有一天我堂哥给我送来一封信，那是我人生中收到的第一封情书。当时我不想找比自己大五岁的男朋友，在那个年代，大五岁像是大了很多，而且我不想找农村的，更不想找同村的。因为我经常看琼瑶小说，渴望找一个条件好的，最起码不要那么穷，我自己就是穷过来的，心里想着找个富家子才好。

所以收到情书后我很冷，直接拒绝了。但他不断给我写信，那时他在和我爸爸、我弟弟一起捕鱼，他就在很晃的船上给我写信，不断地写。后来还常常来看我，给我买很多东西，那时我在养鸡，他接我还送我，帮我很多忙。慢慢地，我就不坚决拒绝了。我爸爸、妈妈、堂哥、弟弟，也都在家里劝我，在我面前说他的好话，让我和他在一起，帮他打动我。**就像和客户签订单一样，自己不能完成的，通过关系去完成，这样慢慢就成交了。**

后来我们就开始谈朋友了，结婚是很多年之后的事。我养鸡的时候他也帮了很多忙，养鸡的时候我什么形象都没有了。但阿华从来没说过什么，常常过来帮忙。我开五金店的时候，他也很支持我。

阿华比较打动我的是他锲而不舍的追求，他写信告诉我，自己 25 岁了，第一次对女孩心动。我知道那时有很多女孩喜欢他，毕竟他很高很帅。我从他的行动中看到了真诚。他那时不断地接我、送我，对我很好。我身边的亲戚、朋友都对他赞不绝口，觉得他是男友的好人选。我生日时他送了我一块手表，很珍贵的，我真的被他的真诚打动了。

我们一起走过了这么多年，有很多故事。阿华很会开车，什么车都会开，很机灵。我养鸡的时候，有一次他开拖拉机帮我拉饲料，经过一个村子，那里有座桥，很窄很窄，估计两米都不到，还很高，那时候的桥都是那样的。现在重新修路，那个小桥已经没有了。

那时拖拉机拉着那么多饲料，很重，整个车摇来晃去的，就是开不上去。拖拉机的龙头转来转去就转到桥下面，差点掉下去，挂在那里，非常危险。阿华整个人差点掉下去，把我吓坏了。这件事我至今难忘，他真的是付出了很多，用现在的话来说是“蛮拼的”，简直是用生命在帮我。

我曾经开过一个玻璃店，为了省租金，我让隔壁的房东把旁边用水泥板隔起来的小房间租给我放玻璃。房东说那个小房间很安全。那个小房间宽最多 1.5 米，而玻璃是 1.5 米乘以 2 米的，厚度是 5 厘米。玻璃很重，要斜一点才能放进去。记得有一次阿华帮我放玻璃，不知道当时我在想什么，走神了，我放手有点快了，这样玻璃两头重量不一样，就倾斜了，要是压到人，很容易出人命的。他反应比较快没被压到，但手上被割了一道很深的口子。我一看到那么多血像喷一样流出来，一下就晕过去了。后来他的手缝了十几针，我特别感动。

我们一起创业做“榕大”之后，也发生过类似的危险事情。那次是三夹板，分很多不同的材质，我们要一种一种地拿出来，为了让客户挑选时方便。三夹板是 1.2 米乘以 2.4 米的，也相当有分量。有一次，一米多厚的三夹板都压在了阿华身上，我吓得赶紧一个一个地搬，但是力量不够，单边斜，那些三夹板还会倒回去，再次压到阿华身上，特别重，那样压着真的特别危险……我们就是这样一步一步走过来的，一直走到今天。

其实我很感恩我先生，平时聊天或打电话我都不会说，但他有始有终地支持我，我心里始终是感激的。我们夫妻俩创业的过程是坎坷的，没有这个男人我可能走不到今天。**回忆创业过程的艰辛，我的眼泪都快掉下来了。有他一路的支持和宠爱，才会有今天的金赏月和“榕大”。对阿华，我心里真的充满感恩。**

阿华不是那种特别会说话、会甜言蜜语的人，也不太会制造浪漫。我们之间看上去也很平淡，但是他很细心。我们一起长大，做夫妻这么多年，每次我出差，就算有司机或助理陪同，他也会送我，即使是送到楼下，也一定要送，想想还是很贴心的。这一点，很多男人都做不到，肯定会说都老夫老妻了，你出差就出差，送什么啊，可是阿华一直有这个习惯。

当年我生女儿时，他放下一切事情，在医院足足陪了我一个星期。**出院的时候，他把我抱到楼梯口，然后背我上楼，像接新娘子一样。**女人都生孩子，走路当然是可以的，他就是很贴心。其实我们老家那边很重男轻女，第一胎是个女儿，我心里有点小失望，希望生个儿子，但看到女儿甜美的笑脸，一下就释然了。但他一样欢喜，还买了一大束鲜花送给我，当时我们还在创业阶段没那么富裕。他把家里布置得很干净、很温馨来迎接我。虽然阿华不会用过多的语言表达，但他会用行动来表达。一直以来他付出的远多于我，我一直很惭愧。哪怕再小的事情，他都很宠我，在杭州我也不会烧饭，都是请阿姨来烧。

我来上海做品牌，他也很支持我。无论我做什么，做任何决定，他都相信我、支持我、认可我。说实话，我以前比较强势，有时我会生气，生意上我也很要强，可能谈客户有时候比他强。现在我慢慢学会了站在他的角度去思考，先考虑他的感受。比如我们自己买的房子离公司太远，为了上下班方便，想在公司附近租一套房子，我要住明月江南的（杭州的一个楼盘）、190 平方米、有三个阳台的房子，因为我对衣食住行要求很高。

可是他很节俭，为了说服我，告诉我租那里的房子没有必要，他发了很多数据给我，说白了还是不舍得。后来我说把一些特别旧的家具换掉，其他的按照他的意思办。其实平时两个小孩子都读寄宿学校，周末才回家，我想算了，他喜欢哪里就住哪里吧，让他做主。那么宠我的一个男人，我要给他当家的感觉。

在杭州已经沉淀了 7 年，还是有小小的成就的。男人有舞台就会有成就感，我愿意给他这样的成就感。而且对我来说，让出空间和舞台，去创造更好的空间和舞台，去面对更大的挑战，也是好的。

我站在他的角度去考虑、去感受，我们的关系就会越来越好。在很多时候，我先生更像我的导师、大哥、生活顾问。只有彼此相互尊重、相互理解、相互信任，关系才能长久、才会融洽。

阿华有很多优点，不忘本、很节约。他知道每一分钱都是来之不易的，房租、窗帘什么的，他能省点就省点，算算也有几万元，这样也可以省很多。他一年到头一件衣服也不买，除非穿不了了，不然不舍得买。他也不舍得花钱吃贵的东西，什么实惠吃什么，我说他没口味。

我喜欢换环境，他觉得浪费，5 元钱能解决他不会花 10 元钱。他手机都不买新的，都是我的旧手机给他用；一个包可以用好几年，衣服很多都是穿了几年的;A4 纸用完正面，用反面。但是他对员工很大方，一次吃饭花一两千、两三千的，经常带员工吃饭、唱歌。而且阿华没有什么不好的生活习惯。

我一直觉得学习的过程是很快乐的，我喜欢两个人一起学习、成长。我觉得一起学习我们的频率会比较一致，而且在学习过程中会产生很多点子，学习结束后就在实践中体验。在一起学习的过程中，可以碰撞出好的创意，解决公司的问题。我有个目标，是带核心团队去斐济旅游，我觉得那是一种成长。那是个很美的地方，能量场也很大。我先生开始并不是很赞同我这样学习，现在在我的影响下，我们的频率越来越近，他现在也很支持我的计划了。

因为我和先生一起开创了“榕大”，有人就会问我说：“未来‘榕大’在全世界有自己的公司，那么你和陈总[①]的时间分配就要面临问题，你要如何做呢？”我想最好的办法就是一起去学习、成长，这有很多好处。学习、成长的环境很美，心情会不同，能碰撞出火花，对解决当下公司

① 我先生阿华。

的问题会很有帮助。我会花一些时间在事业上，当然也会花时间在另一半和孩子们身上，以后即使全球飞了，我也希望和我先生共同成长。

我和我先生会一起学习，一起看这个世界的变化，一起去适应那些变化。这个世界每天都在变，我们的事业、我们的生活也一样。科技进步了，我们的公司、我们的运营模式、所用媒体都在变化着，让我们不得不去面对。我们会一起接受挑战，不断调整公司的大战略和小决策，让它更适应这个世界，成为被更多人所接受的公司。我们的孩子也会长大，会逐渐成熟，和我们的沟通方式会改变，也可能会走得很远，这些我都要和他一起去面对，一起走，一起感伤，一起幸福。

可能就像一个小故事讲的，**太习惯得到了就容易忘记感恩，**今天写这本书回忆起我和我先生之间的点点滴滴，甜蜜幸福感油然而生，很感恩有我先生相伴。

第 6 章　**创业：**
有时候沮丧得不想起床

Happiness in the Door

原木定制这个行业，2010年之前我就开始做了，已经接单子了，那时候还没到“第六空间大都会”[①]，只做护墙之类的。后来重新装修了公司门店，做中国最好的原木门，一步一步通过公司全体员工的努力，和与一些比较知名的装饰公司及白金客户合作，把“榕大”在杭州做出了知名度。

后来我们又下决心调整，关掉了两个不赢利的门店。都是我们之前分散投资的，一个120平方米的门店、一个245平方米的门店，一个在杭州新时代经济馆，另一个在杭州月星家具馆。**其实创业路上，很少有人能一开始就透视全局，几乎没有不走弯路的。**经过仔细评估后我们得出结论：应该投资大店，效果会更好。关掉不赢利的店，算是比较明智的选择。后来我们专注做一个市场，每年的营业额不但没降反而攀升。从2011年开始做到2013年，两年时间营业额几乎翻了一番。

说起来真的是学习改变了我，让我重新定位了公司，有了更明确的目标和方向。我们要把“榕大”做成中国第一品牌，要做就做第一名，三年做到杭州第一，八年努力做到中国第一。我们专做定制，专注于这

① 杭州第六空间大都会家居世博园，是第六空间家居集团重点发展的家居主题商圈模式，构筑起了独幢风格的家居集群。

个领域。

有前面做生意的积累与沉淀，我和我先生开始做“榕大”这个公司，过程非常艰难、辛酸。刚开始每年投入很多，第一年投150万元，第二年投了250万元，第三年则增加到300万元。哪个行业都竞争激烈，当同行一定要搞垮我的时候，我不服输，更加努力。**我复原力很强，不计一切去服务客户，找回我的订单，重新赢得客户。**那时候的我很强势，可能这样的性格得罪了很多人，以至于同行攻击我们。

中国古圣先贤说得对，要韬光养晦、深藏不露。大多数时候，在商场上锋芒毕露不是好事。当然也有人安慰我说“不遭人妒是庸才”。当人才被挖、客户被抢，我靠坚定的信念再次攻下市场，帮客户解决问题、占领市场，不赚钱也要提高客户满意度。**我就是不服输，想要什么结果，自己拼命都要去取得。**我的家人上百次地让我放弃，到今天还是让我放弃，但只要我的公司还在，我的信念就不变。“榕大”这个品牌就像我生命中的第三个孩子，怎么能轻言放弃呢？

至于是怎么一步一步起家的，大概有很多人想了解。真的是从零起步。刚开始市场没打开，公司没资源、没人脉，订单量不大，和客户签的单也都是小的。**记得第一个订单是两三千元钱，第一年印象中所有订单加起来不到40个客户，很多都是几万元钱的单子，其实并没有赢利。**开店花那么多钱，每天开门就要柴米油盐酱醋茶，员工的吃喝拉撒哪一样都要用钱啊，怎么办，放弃吗？不，以我的信念是不会放弃的。

后来我慢慢有了几个渠道，杭州有个老乡介绍建材的朋友给我认识，介绍了五六个人，她先生也帮我介绍浙江省装饰协会的朋友，就这样慢慢地做。所以，国外有本很有名的书说成功有五大关键：**配偶、贵人、赢利模式、伙伴、产品。**

我非常感恩一路上有贵人相助。这是由一个人开始的，我还清楚地记得她叫陈春波，她是我在杭州市场第一个最重要的贵人。她在浙江的装饰公司叫“中冠”，她人很热情。她是我一个朋友的小姨子，在朋友的安排下，我们见了一面。过了段时间，朋友又给我介绍了几个姐妹，其中有设计师、材料商等。当然也是因为我的为人，赢得了她们的信赖，她们觉得我做事可靠，愿意帮我。当然公司也一直在做口碑，**口碑其实很重要，做人、做公司最先应该做的就是口碑，有了它，其他事情才能更顺利。**

有时候小门店吸引不了大客户，因为软件、硬件都跟不上，相差很多。是从杭州的新时代经济馆开始的，当时并没有做好格局和计划。2015 年我在上海开始，有了这么多年的经验，会一步一步把地基打牢，一切做好规划再开始，不怕慢，就怕同样的错误再犯一次，一定要脚踏实地。那时虽然走了很多弯路，但当作交学费也无妨，那些都是我后来发展事业的巨大财富。

我就每天列清单，在门店要求自己打电话邀约客户。在招聘人才方面，我的做法比较特别，当时我找的华日总监，让他加入了我的公司。他帮助了我很多，给了我很多管理上的理念，但最终没有帮我做出客户，双方都耗费了很多时间。我想做好试点，先做市场，他则想快速扩张。我想先稳住脚，等整套系统完善之后再做赢的准备。那时没有做出客户，算是花了很多学费。

这是我第二次成长，也是个事业的低谷，当然这个过程也让我变得更加强大了。我一个客户一个客户地去开发。当时我已经有三个门店了，几百万的投资进去了，加上运营成本真的非常有压力。投下去一个门店，很多似乎看不见的费用都跟着出来了，什么水电费、店员费、出差费等，每天一睁眼，就到处是要付出的费用，没见到订单和收入。

这样投资很大，入不敷出，还好的是象山的团队撑过来了，他们的门店现金流帮我撑过了那个阶段。感恩象山的团队，开门店现金流很重要，**销售应该是所有创业行为的第一步，也是最重要的一步，没做好自己去开拓市场的准备，就别轻易开始。**

当时我每天起床很早，7点前就起来了，有的时候6点半起来或者更早。在鹤浦[①]的时候都是7点半开门，那时候木工来得很早，我们也要很早开门。我从小都很早起来，不会赖床，最迟不会超过8点，很多员工一路跟过来。因为在最艰难的时候，我们也不拖欠员工工资，去朋友那里借钱也要给员工发工资，所以员工心里还是比较踏实的。

想想那个时期的生活，我租了个48平方米的房子，是商住两用的办公楼，公司在隔壁，就一个房间，我跟公司的财务陈晓晓一起住。为了节约时间，我带着她早上8点半就到公司了。晓晓会做早餐，很多时候早餐都是她做的。那时候吃的也不是很丰盛，几个月才回一次家，但内心是充实的。那时候吃不好、住不好，几个月才回一次家。

我也会有些压力很大、很沮丧的时候，有时候不想起床，还不能让员工看出来，很痛苦。每天都在渴望有好的人才加入我们公司，因为有人才就有市场。我一遍遍告诉自己，好几个月业绩都是零，一个订单都没有，持续三四个月了。门店有三四个员工，他们都不懂销售，没有客户。

再者那是新市场，客人少，交通不方便，很多客户直接被装饰公司拦截了。他们会把木门之类的包进去做，他们也都有自己的合作伙伴。当时的原木市场并不是很大，很多人怕开裂，不太敢和新的公司合作。没有找到好的、对的客户，没有人脉，没有资源，没有人才，那时候一个普通员工一个月的工资3000元，最高的营销总监一个月的工资是8000元。

---

① 鹤浦镇，是浙江省宁波市象山县下辖的镇。

现在想想，那时候最大的挑战就是人才少。**选人才其实是非常重要的，找到一个好的销售人员，就能成就很多单子；**选错了人，不仅要投入薪水，还要投入时间和精力，最后没有结果，还会给自己带来挫败感，会形成一种恶性循环。

后来我请了顾问公司，他们对我帮助很大。但是因为我过于迷信顾问公司，在里面花了大量时间，当时团队没有形成，也浪费了很多时间、精力和资金。**现在我明白，要找的人，他要么有人脉，要么有资源，要么有能力，不然就很难对自己有帮助了。**那时我一步步走得真的很难，那个阶段的我，心情常常很糟。人家一问我有没有开单，我好强，难过得不行，情绪下来了，心情十分低落。

做门店和买房子一样，地段很重要，最好的地段要投入更多的钱，但是这是值得的，那时天不时、地不利、人不和。那时原木定制少，天不时；位置太偏了，地不利；没什么客户来，人不合。虽然招了一些员工进来，但由于人脉、资源、案例都很少，客户被装饰公司包走了，没有应对方法。当时市场太小，还没流行用定制原木，大家都不懂。**事业要成功，不是靠个人努力就可以的，是外在大趋势、内在的思路共同作用的结果。**

人们常问，创业成功最重要的因素是什么。

我个人认为，要创业成功，一定要有一个好的愿景，这是你必不可少的动机及能量来源。不要只为了赚钱，其实创业这件事还有很多意义。你的动机会影响你的行为，如果你一切是为了自己，这样的动机会让你的事业做得很小。它对众生是没有利的，或者给别人带来的好处太少，你就不能把事业拓展开。做对身边的人有帮助的事业，你的事业会越来越大、越来越强。你的善念是什么，你的种子是好的，结出的果就会是好的，这很关键，最重要的是最初你是怎么想的。

我的动机不仅是要成就自己，还包括改变家人的生活。因为家庭经济条件差，爸爸妈妈在外打拼，他们常会有漂泊、无助的恐惧感；他们在家经常吵架，没有幸福感、快乐感；他们为经济担心，没有安全感。他们离开家去做生意，也是为了还债或减轻生活负担，为了弟弟的工作和学习，为了改变家族的命运。

我把这本书定名为《推开门就是幸福》，也是希望我自己的家和千千万万的家庭都能幸福，在他们推开门的刹那，他们感到的是真切的、自然的幸福感。我的企业最开始的产品是木门，所以我希望我们的门有这个作用，我们做很多门，很多人推开门，每一扇门里都有着各自的幸福。我也为能打造这样的门而感到骄傲和幸福。

创业成功的第二个关键因素是团队。有了好的动机，没有好的团队，一样不容易成功。一件大事不是靠个人成功的，一定是靠团队，一个订单的完成，其中有设计人员、生产人员、销售人员、安装人员等各个环节人员的工作，他们要形成一个组合、一个链条，那样才能完成。

还有一个关键因素是产品。产品比任何东西都重要，没有好的产品，就算单子签成了也没用。贵人和伙伴也同样重要，你产业链的上下游有问题也不行，贵人的帮助能给公司的成功加分。人的成长过程有一个曲线，公司也一样，这需要别人来帮助你，给你提供资源。我的新公司有婴儿期、青春期、成长期，这都需要合作伙伴伸出援手，如果合作伙伴不好，肯定死路一条。

创业成功的第三个关键因素是尽可能地把公司打造成传播正能量、有爱的公司。因为如果公司里有 10 个员工，不仅仅是 10 个员工那么简单，背后还有 10 个家庭。让公司内部充满正能量和温暖，你的公司成就的就是更多人，完全超过 10 个家庭的人的数量。这种影响力是很大的，能帮到很多人，对社会、对国家也是很大的贡献。如果“榕大“这个品牌有知名度了，也可以走出国门，它就可以代表中国走向世界，品牌可以由小变大，我们的小爱也可以变成大爱，影响力的范围可以不断扩大。

为了让自己的品牌更好，我经常学习。我看过一本书《中国企业为何而败》，它对中国企业和企业家的失败做了很全面、深刻的分析，解读很客观，对我有很大启发。

很多企业家在朋友的眼里是豪爽、仗义、热情的人，对自己有很高的要求，对祖国有着深厚的感情，内心深处是急于为集体和社会做贡献的，有强烈的造福民众的愿望。然而，当我们仔细去看他们的企业经营时，却发现，他们的道德感和责任感发生了变化，有些人无视民众的利益和智慧，虚张声势，为了企业利益，伤害国家和客户，甚至民众的利益。这种行为严重阻碍了企业的成长和发展，使他们的事业走向终结。

有些人积累了一定的财富后，忘记了自己的梦想，用那些资金去赌，认为可以通过这样的手段得到更多财富，结果悲哀地失败了。有的人企业做得很成功，而当国外资本向他伸手的时候，他把品牌卖了出去，辛苦打造出的民族品牌成了外国品牌，对这种情况我非常惋惜。还有一些人禁不住金钱的诱惑，在掌控企业的过程中，社会责任感和原则性被消磨，走了下坡路。

企业需要健康、成熟的生存环境，企业家会受到秩序和规则的约束，这些本该是去尊重的，可很多企业家认为那是给普通人制定的规则，自己是特别的，更有能力和高度，应该不受其约束，所以会去钻空子、打擦边球。他们的做法伤害了遵守规则的人，所以要为此付出代价，最后失去了事业，连被规则约束的机会也没有了。

有始创的能力、有聚集资源的能力、有独立性、敢冒风险、有竞争力、敢于制定和追求目标、能随机应变、能根据事实采取行动、能从错

误中学到东西，这些都是企业家应该具备的素质。企业家还应该能够在新经济发展的潮流中起到推动作用。其实，正是这些素质让企业家取得了成就。而企业家如果采取极端的行为，他的负面作用就会爆发，从而毁灭自己的事业。

我希望自己创立的“榕大”是健康的、长远的企业，我也希望自己是理性的、诚信的、会合作的、善于学习的，我会努力保持和改善自己的特点，成为那样的合格的创业者和企业家。

第 7 章 “榕大”的诞生：我也要做这样的公司

Happiness in the Door

“榕大”正式诞生之前，我一直在代理一线品牌，有些还是上市公司，每次开经销商大会时我都能学到很多，内心非常感谢这些经历。记得有一次，在中山开经销商年会，我是其中做吊顶做得比较好的，他们公司很会做企业文化建设，请员工上台给予奖励，重要的是还把员工的家人请到公司一起参加。场面非常盛大，搞得非常隆重。

天哪，你说当时我一个农村姑娘哪里见过这样的阵势，一下被彻底激发、被感动了，心里想着，有一天自己也要做这样的公司，暗暗地设定这样一个目标。我的转化是很快的，看到这个老板好厉害，有一天是不是自己也可以成为这样的人，一颗种子就种在心里了。我要搭建这样的平台，建设这样的企业文化，然后一直看书、学习并专心做事业。

比如开车去一个地方，我一定要知道我的目的地在哪里。包括我的人生，为什么我每天充满激情而懂得感恩？因为生命过一天就少一天，我们都不知道哪一天就是生命的最后一天了。经历了太多事，变得很珍惜每一天。

有了要建立那样的公司的想法之后，大概是 2006 年，我开始策划这个事，而且问自己：我要做什么？生命的意义是什么？内心一直有个声音在问自己：“当我离开世界时我能留下什么？”比如我想留下一本书、一个品牌，或者一个基金会等，总是要留下一些东西，不可能就这样光光地来，光光地去，什么都没有。

确定“榕大”这个名字就花了三四年的时间。话说名字的由来，那真是今天想到一个就记下来，明天想到一个再记下来，所有身边的亲戚朋友我都会问他们，如果要给一个木制品的品牌取名字叫什么比较好，身边人说得最多的是百盛、百应、灵昌等，几年下来有了上百个不同的名字，但是我都没有太大感觉。包括已经注册的华月、沃德，其实都没什么感觉。

有个针织厂的朋友，叫潘敏娣，之前她是我的客户，现在成了好姐妹。我就拜托她帮我给公司取名字，她说有个台湾人，取名很厉害，但是收费很高。我说收费高没关系。后来她把我的生辰八字、生肖都给了那个台湾人，我等了好长的时间都没有音信。大概半年后的一天，我收到朋友的信息，说可以去看看了。

我到那个台湾人的工厂去看，他电脑上写了三个品牌名称，第二个是“榕大”。我看到第一眼的时候，有种被电到的感觉，“众里寻他千百度，蓦然回首，那人却在灯火阑珊处”。天哪，就是“榕大”——海纳百川，有容乃大。太有文化底蕴了，一家企业要做好，企业文化很重要，这真是太合我的心意了。三个名字中的其他两个名字我已经记不得了。就这样开始注册企业，为了注册这个品牌又等了一年多的时间。

2009 年 3 月，我就开始找一些可以合作的工厂，跑出去深入考察。那个时候我的儿子只有 14 个月大，我把他托付给阿姨带。14 个月的小孩哪里离得开妈妈，一直哭，我还是狠了心出来了，开始了“榕大”这个旅程。

我到处调研合作工厂，并琢磨运营中心设在哪个城市比较好。后来一家顾问公司告诉我有两个选择，一个上海，一个杭州。是因为华东地区，客户消费能力比较强，运作得好能养活一个品牌、养活一个工厂，于是我决定把运营中心放在杭州。

注册了品牌，选定了合作工厂，选好了运营中心的城市，我们就从木门开始，做定位高端的原木定制。一开始产品只有门，在做的过程中也慢慢发展为整木定制。因为单单只有一个门的话，订单太小了，只有几千、几万元。

2010 年开始了整木定制，接十几万、几十万元的订单，现在几百万、上千万的订单都有。一个整木能装修一个别墅。当时第一次接到超过 10 万元的订单，印象非常深刻，那个客户要做整套，算下来有十几万元，那个时候哪里接过那么大的单子。就很投入地给客户设计，想着尽一切所能满足客户的需求，后来签下了这个订单。

至于当初为何把客户目标定位为高端客户群，这要感谢我的学习和积累。市场很大，我不可能通吃，通过学习我知道要定位清晰明确。**既然心心念念要做自己的品牌，我是有敏锐度的，你一个品牌不可能成交所有的客户。**其实销售都是相通的。你签下一个 100 万元的订单和一个 1 万元的订单，用的时间和精力是相同的，你愿意做哪一个呢？这不仅仅是从企业营业额方面看，做高端产品也倍增了我的时间。时间才是最宝贵的，时间就是生命，时间大于钻石。做高端市场对招聘优秀人才也是一个优势。

我们产品的客户群体是金字塔尖的那部分人，比如企业主、各个行业的领袖、公司高管、投资者等成功人士，还有别墅主，或者五星级酒店拥有者。只是家里用原木装修一下，动辄几十万、上百万元，所以这么消费的不是一般人，通常一般人也不舍得。

有十几万员工的天天快递公司的老板，他们家也是我们做的原木装修；还有一位贾总，他的公司只供应商就有 400 多家，在当地是行业第一，他家也是我们做的原木装修。有很多上市公司总裁家是我们做的。

他们很注重环保，所以都用原木定制。

“榕大”专注于原木定制，主要是全屋定制。现在的产品系列中包括木门、楼梯、护墙、衣柜、顶柜、酒柜、酒窖。所谓原木，是说一块木头，由内而外是同一种材质，完完整整一块木头，不是拼接的。像我们家铺的木质地板，冬天踩上去不会像大理石那样特别凉。当然我们也有实木复合的产品，是根据客户需求量身定制的。

为什么品牌主打原木呢？首先，原木比较环保，物以稀为贵，并且冬暖夏凉，非常适合人居住，这就是那么多老板出大价格购买原木的原因。现在在很多欧美国家，原木定制已经很普遍了。我们则刚开始没多少年，大多数人还没有这个概念，加之价格高，很多人没有条件去做原木。我的客户我比较了解，很多人家里两三百平方米的房子全用原木装修。现在国内的人也懂，用原木也体现身份和档次，好的酒店都是用原木装修的。

还有很重要的一点是，原木里面有能量。它是大自然的产物，是有灵性的，在家里能帮你进财消灾，屋里会有带着正能量的感觉。所以我打算在建工厂时注重保持环境的优美，找寺院的大德高僧或住持去加持，让员工在充满正能量的工厂里工作。

我去德国参观、考察时，发现他们生产的家具就好像真的有灵性植入，一个车门、一个简单的家具都上百万元。之后我想把这个概念加进去。接下来，我要去美国、意大利，去看全球的东西。那样我的眼光、格局感跟别人就不一样了。这会让我带领团队走得更远，把整个行业水准拉高，在这方面，我有很大的底气。

“榕大”和其他同行相比，竞争力是专注做原木定制，有自己的点子和创意。很多公司很注重销售、利润，而我们则注重对整个系统和公司文化的建设，也注重研发。**“榕大”不会把利润放在第一位，而是把**

服务客户和客户满意度放在第一位，并积极打造好的团队。我想，这样做，企业才会充满生命力。

一个公司是要有长远计划的，尤其是“榕大”这种以成为最令人尊敬的公司为目标的公司。像劳斯莱斯、宾利那样的国际大品牌，有今天的品牌影响力，也是经过了长期的过程，所以品牌有很深的文化底蕴。“榕大”是要成为一个长久的品牌，我希望它百年之后还充满活力，比现在更好。

接下来的 20 年，算是我事业的成熟期，我会全身心去投入。我从来没想过退休这件事，生命的意义在于服务他人。这是一段说长不长说短也不短的生命历程，可以完成很多事。不管时间长短，只要活出生命状态就好。格力的董明珠现在也还没退休，我想要的也是这样的状态。现在我即使不在这个岗位上了，我的心也会在公司里。

关于接班人，我想过培养 100 位总经理，里面总有非常优秀的，可以从中筛选出品牌的继承人。我不会让我的小孩接班，因为他们不一定合适。品牌运营也好、团队管理也好，经过实践都可以知道谁是最适合接班的。那个人应该持续在这个氛围当中，那样他参与的时间更长，成长更多，也更快。我们看乔布斯，他人不在了，公司还是做得很好。**领导者主要是要把精神上、灵魂上的东西传播出去。**“榕大”也一样，领导者的精神指引决定了这个公司能否持续地增长和发展。所以我要选的接班人一定要懂“榕大”的文化，而且能将其发扬光大，并能引领企业走向更好的未来。

其实“榕大”也想过做平价产品，但我想专注于做当下的事情。集团旗下可以拥有一些品牌，可以让中端消费者去消费，但主体没有做到一定影响力的时候是不可以去做的。**品牌的定位一定要清晰，给消费者一个专业的印象，你的资金、你的精力，一切最好先不要分散。**我不建议马上去做平价产品，比如乔布斯专注于创新，但他也是专心做“苹果”，不会想着明天做“香蕉”，后天做“菠萝”。

“榕大”的第一个竞争力就是企业文化的建设。

“榕大”的第二个竞争力是自身的学习力，我到全世界去学习，国内外各个领域非常优秀的老师都是我的导师。

“榕大”的第三个竞争力是打造优秀卓越的团队的决心。人才就是最核心的竞争力，所以我和洪豪泽老师合作，潜心打造我们想要的有目标、有战斗力、把客户需求放在第一位、充满正能量的团队。以原木定制领域为焦点，专注地去做，开发出来的能力是无限大的。以原木定制领域为焦点，专注地去做，从不同角度开发，前景是无限大的。我想，把原木定制产业做好、做大，走向全世界，这辈子也够了。

“榕大”对我来说已经不仅仅是一个企业，它是我生命的一部分，在我心里至关重要。人的生命是很短暂的，我想“榕大”可以让我的生命更长。它承载着我的努力、思考和梦想，它能帮我实现很多愿望，能把我的生命和很多人的生命连接起来，让我用自己的努力去改变别人的生活，让我自己和别人的人生都更有价值。

所以，我会一直坚守“榕大”，让它走到更广阔的世界，为更多的人带来美好的感受。我相信，未来还会有人和我一样坚守它、建设它，引领它继续向前。

第 8 章　“门”的故事：我们赔你1000万

Happiness in the Door

“榕大”之所以把门作为最早的产品，也是因为门对客户特别重要。家里装修的时候，人们通常充满期待，而门是装修中非常重要的元素。门是幸福的开启者，打开它幸福就在眼前。

在经营“榕大”的过程中，我发现客户对自己的家是非常重视的。那些身家几千万、几个亿当老板的客户，无论多忙，即使刚从国外飞回来，也要到工地看看自己的别墅，看看装修得怎么样了。天天快递的老板就很夸张，他有那么多分公司、那么多员工，那么忙，但他无论在国内出差回来还是从国外回来，都会第一时间到工地去看一下。就像盖一座高楼，他希望对整个过程都了解，对最终装修好的画面也很期待，他想看看最终的画面和自己原来想要的是否一致。

装修的两大主材，一个是大理石，另一个就是原木，所以原木定制是装修中非常重要的环节。无论是五星级酒店，还是别墅，大理石和原木的使用量都是最大的，涉及房间内的位置也比较多，其他的材料都是比较零碎的。**你坐在一个完全用原木装修的房间里，会感受到原木的能量和美感，你是舒适的，身心灵是健康的，你从外面推开门进来，心里会充满美好和幸福**。这正是我们想给客户的体验。

做原木定制产业这么多年，我有很多印象深刻的客户。

有一个客户，我们顺其工作称呼，称他贾总。我们想和他签单的时候竞争对手很多。别人向他介绍我们的门店，他当时还不太相信，担心我们的产品不是原木。在这个紧要关头，我亲自去和他沟通。我跟他说：**“贾总，我们的材料绝对是原木。我们定了规则，假一赔十，如果不是原木，你100万元的订单，我们赔你1000万。我是董事长，这是我的承诺，说到做到。”**

对我们的产品，我一向信心满满，何况这是最基本的商业道德，我们一向都是遵守的。经过我和贾总深入的沟通，他和我们签了合同。

这个客户事业非常成功，要求也很严格。他每周二给供应商、材料商开会，他自己去得很早，会打卡，供应商、材料商自然也得很早去。他对“榕大”印象最好，非常尊重我们，总是让我们先讲进度。

另一个我印象深刻的客户是天天快递的老板，签他这一单，竞争非常激烈，是真正的实力PK。当时有12家企业竞标，从12家中选6家，从6家中选4家，再从4家中选2家，最后2家决赛。结果是我们拿到了这个订单。能拿下这个单子也是因为我们很早就切入这个项目了，做了很多免费的服务，包括提供图纸之类的。**我们做这些不仅是为了签订单，而是真心要帮助客户，不能成交也没关系，就当是交朋友了，无论怎样都会积极参与进去。**

12进6的PK，我们顺利通过，因为很容易判断，其他几家品牌影响力不大，有些在杭州案例也很少。我们的口碑、案例数量都是有优势的，而且他们去工地看我们正在操作的项目，也看到了好的样板和我们员工认真负责的态度。

其实那些企业中也有一些是通过关系参与进去的，不过最后都失败了，我们最后在12家中胜出。我们能胜出是因为我们前期对客户非常用心，做了很好的服务，接受了他们所有的考验，回答了所有的问题，做了大量的准备工作。**我们的很多案例是全浙江省的顶级案例，这些实**

实在在的东西是最有说服力、最能打动客户的。这就是我们最后胜出的原因。

在见面沟通之前，我们花了大量的时间做准备，深入地了解和分析了客户的情况，考虑了客户最后想要的是什么样的效果，怎么为他节省成本和时间。客户选择我们是明智的，因为我们的产品是货真价实的，我们不做广告，门店也不大，运营成本最低，向客户要价不高，所以我们的产品和服务都是性价比最高的。我们有自己的团队，不是和别人合作，客户给我们反馈意见，我们很快就能做出反应，进行调整和完善，所以可以很好地为客户服务。

“阿里巴巴”神话的创造者，中国家喻户晓的人物马云，也是我们的客户。我们接了他的会所装修的单子，做的不是整套装修，而是给会所装原木的柜子。那个会所里的柜子之前是其他品牌的，不是原木的，有油漆味道，我们给换成了原木的柜子。

还有一位客户我印象非常深刻。他是做建筑项目的，工作很忙，但他在别墅的装修上花了很多心血。一般工程结束了，我们的员工会很高兴，因为又完成了一个项目；可这次工程结束后，客户比我们的员工还高兴。

员工带新客户参观已经装好的原木定制的别墅，客户一进门，就觉得房间整体感觉非常舒服，那种喜悦和幸福都写在脸上，我们的员工也非常开心。**她在微信朋友圈发消息说：“榕大”不仅能把事情做好，而且真的能给人带来幸福感。**他那种幸福的状态，也让我们非常感动。这位客户住进别墅后，他的朋友去参观，他很真诚地帮我们宣传，说这是“榕大”的产品，这说明我们这个带着幸福的品牌已经深入他的心灵了。

还有一个客户，别的公司跟踪他和他谈了一年，他最后和我们签了合同。后来我问客户为什么选择我们，他说，你们“榕大”非常真诚，真心为客户着想，沟通方式让我感到很舒服。说到底，是我们对客户的真心打动了他。

我们从不做广告，为什么能有那么多客户呢？就是因为我们真诚，客户信任我们。有的客户和别人已经谈好了，只差签合同一步，我们出现了，客户还是和我们签合同了，除了信任，我无法解释他们的选择。原木定制是装修中非常重要的部分，有很大的信任才敢把自己的家交给我们。接受了这份信任，我们会不计一切代价地把事情做好。

我认为信任是一种大爱，有信任才会有后面的交集，才会有合作和服务的力量，没有信任，一切都会成为泡影。客户拿出几十万、几百万，甚至上千万元给我们，成本那么高，付出那么大的代价，我们十分感动，除了拿出好产品、做好服务，还有什么选择呢？

还有一个客户，我清楚地记得，他开始的时候对我们的设计不是特别满意，所以他别墅的装修进程不太顺利，但他又很想早点搬进去住。为了让客户满意，我们不计一切代价。他对设计不满意我们就重新设计，有的地方装好了，那就拆下来重新装。

这些都会产生大量的成本，但是不能为了省下一些资金，多收入一些，就让客户受委屈，我们始终把客户满意度放在第一位。那个客户是一家房地产开发公司的老板，他的公司开发的楼盘很多，包括 100 多栋别墅，他自己也持有一栋。想接他这个装修订单的人很多，包括他的朋友；可他还是相信我们，选择了我们。

因为返工，这个工程成本确实高了很多。首先是人工成本比预计多了很多，增加了 5 个工人，一个工人一天 300 元工资，5 个一天就多了 1500 元的工资，三个多月，大约 100 天，一共增加了 15 万元的工人工资。测量人员因为增加了工作量，付给他们的工资也增加了。因为开始我们要价就很低，后来计算了一下，这个工程我们损失了 50 万元。想通过高端客户提高我们品牌的影响力，所以就算有损失我们也会用心帮他装修好。我们就是这样服务客户的，这就是我们不做广告，也能找到客户的原因，都是口碑的作用。

客户能感觉到我们做事很踏实，把自己家交给我们很放心，所以，**当你真心去帮助别人的时候，事情会变得很简单，信任会在不经意间产生。**原木是半成品，尺寸测量会有失误，运送会有失误，有失误我们一定不会将错就错，而是会尽可能把事情做好，甚至不惜重做，无论采用什么方法，一定要实现客户的期望。

我们不会让客户装修更多地方、更大面积，投入更多钱，让我们赚更多。我们会帮他规划，不该装的地方我们会建议他不要装，可以用白漆的地方，不会建议他用原木，这样装修质量有保证，房间整体也更美观。这样能帮客户把钱省下来，即便不进入我们的钱包，省下了钱，他们可以买冰箱、洗衣机等家具，这才是很好的安排。他们在别的公司要用 100 万的，到我们公司可能就八九十万。

我们是帮客户解决问题，满足需求的，你的预算是什么？需求是什么？你希望达到什么样的结果？**我们站在专业的角度给他参考，他可以省心省力又省钱，哪怕最后他不交给我们做也没关系。**因为我是从小穷过的，我知道再有钱的人每分钱来得也不容易，**我知道怎么帮他节约成本又达到好的效果，真的是很真诚地去为对方考虑，所以有些客户主动帮我们转介绍。**

未来我们要提高员工的素质，这是企业文化的体现，好形象、高素质、有文化的体现。我们的产品本来就是高端的，我的要求很高，要加大力度去做，公司要有企业文化，要有好的氛围，所以我决定找这样的人员，并且提高员工整体能力和水平，生产出让客户眼前一亮的产品。

接下来我还会去意大利参加展会，未来我们公司的品牌和产品也要参与他们的展会。行业第一是谁，行业趋势是什么，我会做分析，这有利于我更好地做出决策。

我们打造的门，不仅仅是木头做成的门，还是人们对家的认识。只有推开门你才能走到家里，而我们就是希望你总能找到那扇门，打开它，里面是明亮、温暖、舒适、充满馨香的，里面的人是健康、阳光、有安全感的，这就是我们的门的作用。

现在我们打造的已经不仅仅是门，而是一个家，有饭菜的香味、有柔和的灯光、有你喜欢的颜色的地板、有笑脸和暖暖问候的家。如果“榕大”能打造出一个个这样的家，我和员工们所有的奔忙、所花的心思都是价值巨大的。那样，我们积累的就不仅仅是财富，而是自己和更多人的感动与幸福。

第 9 章 **人生目标：**

有方向才能走到想去的地方

Happiness in the Door

其实，每个人内心深处都有对成功和发展的渴望，但这种渴望需要用实际行动去实现，所以确立目标至关重要。有了目标，你才会更有方向感，才知道那种坚持不懈的精神和内心巨大的力量应该用在哪里。**只有先确定方向，才能走到想去的地方。**

我很喜欢看书，在一些书上也看到过关于目标的内容，一些大学和研究机构还就这个问题做过研究。哈佛大学还曾就“目标对人生的影响”做过很深的研究，对被研究对象进行了调查。那些被调查的人在智商、学历、成长环境等方面都很相似，然而他们对待目标的做法和态度却差别很大。

这些人中，27% 的人没有目标，60% 的人目标很模糊，10% 的人有清晰的短期目标，3% 的人有清晰的长期目标。研究人员对这些人进行了跟踪，看未来他们的发展状况会有什么区别。

25 年后，被调查者的生存状况清晰可见。那 3% 有清晰的长期目标的人，一直朝着原来定的方向奔跑，这些人几乎都成了社会上最成功的人，他们的社会角色是创业者、行业领袖等各个领域的精英。那 10% 有清晰的短期目标的人，大多数在社会的中上层，他们的角色一般是医生、律师、工程师、高级主管等，他们的共同点是，一个个短时间内的目标不断变成现实，他们的工作和生活状态越来越好，专业素质、能力等不断提高。

而那60%目标模糊的人，大多数在社会中下层，他们能安稳地工作，但没有太大的成绩。余下27%没有目标的人，多数在社会最底层，他们常常失业，用社会救济，生活得很不如意，对别人和社会经常不满。

这个调查说明，目标对人的影响是特别大的，有目标的人更容易成功，没有目标或者目标不明确，即便用了很多精力和心血，也可能成绩甚微。这个观点我是十分认同的，我十分重视目标的确定，而且时时检查自己的目标，为了更好地去实现它，也会对它进行修正。我想，有目标去实现也是一件令人激动的事。

我分享一下我人生中最重要的几个目标，给大家一个参考，希望大家都能有自己清晰的方向。

我的第一个目标是把“榕大”做成上市公司。先把“榕大”做成中国第一品牌，然后顺其自然地上市，不是为了上市而上市，因为那会出现很多问题。把“榕大”做上市，也是要让“榕大”这个品牌走向世界。而且，上市还可以成就一批人，包括那些一直跟随我、帮助我、信任我的人。

针对这个目标，我们有具体的行动方案：首先是做到华东第一，建设好的企业文化，建立良好的系统并制定标准。人们常说“得京沪者得天下”，我计划三年内开10家直营门店，如果这10家门店在当地都能做到第一名，或者有六七家能做到第一名，我们就是华东第一了。成为华东第一名后，再去开发北京的市场。一步一步去实现这些目标，我们会和国内行业第一的距离越来越小，我想“榕大”成为中国原木第一品牌会是水到渠成的。

做华东市场之前，我们也是在一步步实现目标。在杭州我们已经是行业第一，然后才进军上海市场，之后会是南京。在南京站稳了脚跟，江浙沪的一线城市就有根据地了。宁波也已经开发出来了，我弟弟在那边经营，苏州、无锡、温州等城市也都在我们的计划之列。在华东要开的 10 家店的地点我已经大致选好了。有了大目标后，小目标就很容易确定，把它们变成实实在在的行动，想象中的情景很快就会出现在眼前了。

我的第二个目标是培养年薪百万的分公司总经理。对一个公司、一个品牌来说，人才是最重要的。有这个目标是因为分公司开起来后需要很多管理者，所以要不断培养出好的总经理。我计划第一年培养 10 个，第二年培养 30 个，然后由他们一起来培养，每个人带出三位年薪几十万的管理者，这样复制比较容易实现。

我的第三个目标是让自己越来越年轻、健康、有活力。这对我来说是最重要的，其实我已经做到了，现在要做的就是很好地保持下去。具体的做法主要是：吃健康的食物，常常运动，听品质好的、有正能量的音乐或潜意识 CD；去做自己喜欢的事，保持良好的心态，让自己充满感恩，不断去学习、成长；偶尔出去旅行，亲近大自然，让身心灵充满能量。生活品质提高了，你就会很快乐，快乐的情绪是会传染的，会给周边的人很好的影响。我这样做已经有七八年了，决定一直保持下去。

我的第四个目标是拥有好的两性关系。**因为配偶是最能催眠你的人，不是催眠你走向成功，就可能摧毁你，使你失败。配偶真的是对我们影响最深的人。**我自己之前忙于事业，没有顾及这一点，很多时候忽略了我先生的感受，很少真正站在他的角度去想问题。

人其实都怕老，怕不健康，如果你的另一半不健康，你还要照顾他，所以要早点照顾好他，让他健康而有活力。人都是很怕孤单的，所以不要让对方孤单，好好珍惜时光，有时间两个人就一起去吃饭、看电影，一起运动，一定要一起做这些健康的、放松的事情。要用心经营你的婚姻，不断制造浪漫，善待对方，两人一起相伴到老才好。

我的第五个目标是建立“榕大”基金会。人其实是有助人的愿望的，所谓“助人为乐”，就是说付出的时候内心是很快乐的，做了贡献就会很有成就感。只是索取，没有付出，自己就会缺少幸福感。我有个学姐是残疾人，我从她身上看出社会上有很多需要我们帮助的人。对他们，我们应该伸出援助之手。所以我想成立一个基金会，用理财的方式持续地帮助越来越多的人。**帮助了别人，自己也会更有能量，因为别人的能量会回到你身上，你会变得更加强大、温暖，所谓“爱出者爱返”**。

我的第六个目标是出资建立“榕大”希望小学。“十年树木，百年树人”，一点都没错，**教育永远是支撑社会良性运转的基础**。当城市里的孩子在学校上课之外还能学很多特长的时候，很多贫困地区的孩子上学都很难，他们可能要走很远的路才有一所学校，书桌和课本都很陈旧，没有太多的课外书看。

所以，我想多建几所小学，让更多孩子上学容易些，有更多的书读。小时候我读书的学校条件很差，我那时候多想有一个好的学校，想有好的环境、好的书桌、好的书看。这个情结也让我对这件事情更加热心。

我的第七个目标是拥有一座小岛。设定这个目标，主要是因为我非常羡慕安东尼·罗宾先生，他在斐济有自己的小岛，岛上有别墅庄园、游泳池等，那给人一种很放松的感觉。我希望我的小岛不是自己住，而是用来给“榕大”搞活动，可以把客户、自己的团队、家人、朋友邀请到小岛上去休息、放松。我要在岛上建别墅、会所，使它成为 VIP 客户的尊享之地。我想让这座小岛成为和我相关的很多人的休闲、娱乐之地。

我的第八个目标是把“榕大”的故事搬上银屏。“榕大”是怎么发展起来的，这个品牌有着怎样的故事，不知道“榕大”的人、熟悉“榕大”的人、一路跟随或中途离开“榕大”的人看了，都会有什么样的感受。让别人去感受我们故事，我会有一种感动。

这个目标可能会在 10 年或 20 年后实现，这是对“榕大”精神的一种传播，也是企业荣誉的一种升级。这虽然比较遥远，我还是会去做。一个成功的企业或个人，可以影响和激励很多人，这是很有意义的事。我希望不久的将来,“榕大”有自己的歌曲，找人写好的歌词，请音乐人来作曲，以后可以在公司的活动中播放。

当然，在“榕大”还没有成为中国原木第一品牌的时候，我们要先把事情做好。要感谢“榕大”所有的团队，他们不付出那么多心血，就不会有“榕大”品牌不断的成长和强大。而“榕大”也应该把荣誉给他们。现在我们的象山团队、杭州团队、宁波团队，都非常出色，未来都可能是电影中的角色。

还有写书这个特别的目标，我也要和你们分享。这本书写下了我从童年到现在的很多人生故事，痛苦与成长、挫折与飞跃、辛酸与快乐尽在其中，我希望它能触动和启发很多人。

目标有时候会让我们备感压力，而没有目标人就会十分散漫。可能有时候你会觉得那种散漫是一种幸福，你可以把时间用在自己喜欢的休闲上，但是如果没有计划地去休闲，我们的时间就会虚度，我们心里渴望的成果就不会变成现实。

所以一定要有目标，有效地利用我们的时间，只有经过分分秒秒的积累，一个个小目标的实现，我们的大目标才会出现在眼前，我们才能激动地对别人说我做到了那些事。而且有目标也不会让我们失去休闲的机会，要有计划地休闲，在最重要的事情完成后，或者在阶段性地完成目标后去休闲，你会很踏实、很放松，心里是充实的，没有空虚感，因为这个休闲是你用很多的紧张、忙碌换来的，会休息得心安理得。

心里要有方向，做好每一阶段的目标，一步步向前走，只有如此，你才能走到想去的地方。

第 10 章　**保持正面的思考：**
从“我很气愤”到“我很遗憾”

无数事例告诉我们，思维方式决定了一个人的命运和前途如何，能够正面思考的人，更容易有成就。保持正面思考，不仅更容易把事情做成，还能有很阳光的心态，更多地感受到幸福。正面思考是有方法的，掌握了那些最关键的方法，我们就能做到。

要让自己经常在好的环境里。古人说："福地福人居，福人居福地。"人受环境影响很大，在不同的场景下心态会有很大的差别。在一个又脏又乱的环境里，有良好卫生习惯的人也可能会乱扔垃圾；而在五星级酒店，就算是平常乱扔垃圾的人，面对那么干净、清爽的一切，也会有所收敛，不会那么放肆了。人还是那个人，行为差别为什么会那么大呢？这就是环境的力量。

已经有科学研究证明，人是唯一能接受暗示的动物。积极的暗示，能对人的生理和心理产生好的影响，能激发人的潜能，让人发挥得更好，更积极向上，更有进取心。所以要和积极的、有正能量的人在一起，远离消极的人。和积极的人在一起，自然就会变得乐观、豁达。

因为一个笑脸、一句振奋人心的话，都能激发你的细胞，使你快乐和积极起来，对一切都充满信心。比如安东尼·罗宾、李海东、刘一秒、洪豪泽几位老师，听他们的课，和他们交流，会有充满正能量的感觉。他们对生活、工作上的问题从来不逃避，对自己有很高的要求，又有很好的约束力。从他们那里能得到积极的暗示，还能掌握不断进步的方法。给自己寻找或创造这样的好环境，自己也会积极起来。

另外，内心要有梦想。我很喜欢前段时间朋友圈流行的那句话：**“每天早上叫醒我的不是闹钟，而是心中的梦想。”**梦想是我们内心最强烈的渴望，能够点燃我们的人生，激活我们的潜能和深藏在心底的力量。每个人都有自己的梦想，只是有些人忙碌得没时间把它拿出来，甚至慢慢地忘记了它，使它被深深埋在时间的尘埃里。

然而现在，我们应该把梦想拿出来。因为有了它，我们的人生才完整，我们才会从更好的角度看世界，才会更积极、更有动力，才会觉得现在吃点苦也是值得的，因为未来能看到实现的蓝图，并为它欢呼雀跃。所以，一定要好好保护自己的梦想。

要学会问自己一些好的问句。在遇到很难解决的问题或感到难过、困惑时，问自己一些好的问句，其实答案就在问句里，问了之后自己就解答了。那有利于你正向地去理解这件事，从而豁然开朗。

比如，一个员工要离职，我不太开心，我会问自己：“你是想要一个很好的结果吧，你应该怎么做？”比如，我的车和别人的车撞上了，我也问自己：“你是想要一个很好的结果吧，你应该怎么做？”我这么回答这个问题：时间大于钻石，生命不能浪费在这件事情上。我会告诉那个和我相撞的人，不要叫警察，你认为需要赔偿多少钱，我赔给你。这样，我节省下了时间，也少了争吵，保持了好心情。

在工作中，我们经常会遇到让自己生气的事情。比如，员工做的事情没有达到你的要求；和司机约好了接你的时间，结果他没有准时到。这个时候可以问自己：“你想要的结果是什么？”员工你批评他之后，他做的事情未必能马上达到你要求，还会让他产生很多负面情绪，所以要客观地指出问题，让他做好，这样才比较理性。而司机，你希望他安全、准时地到达，没有准时，能做到安全也好，因为安全是最重要的，所以不必对他发脾气，这样事情就自然解决了。

夫妻争吵也是避免不了的，如人们常说的，舌头和牙齿没有碰不到的，我和我先生也有过很多争吵。以前他很喜欢打麻将，我不会那种娱乐，只喜欢看书之类的，所以我很讨厌别人打麻将，看到他打麻将就很气愤。**后来我会问自己：“你想要的结果是什么？”答案当然是夫妻和睦，大家都不生气。**自己想想，觉得应该尊重他的爱好，只要不太过分，就不去约束太多，慢慢去适应他。这样争吵就越来越少，直到现在这样，完全不争吵了。

所以，要多问自己想要什么样的结果，回答后，就能做出很好的选择，事情就会朝着好的方向发展。

要多运动。**运动能改善情绪这个观点已经有了科学证明。**人在运动时，大脑会感受到压力，心脏的压力也会增大，大脑设定你在作战或逃跑，这时候大脑会释放一种物质，他能保护和修复记忆神经元，让人产生兴奋感，将人体对不舒服或疼痛的感受度降到最低。这就是我们运动后心里会觉得轻松、整个人变得很开心的原因。要让自己爱上一种运动，养成运动的习惯，并坚持下去。

关于养生，近年来有两种观点，一种提倡运动，一种提倡静坐。两种方式我都在用，比如早上静坐冥想，然后再运动。相对来说，我更喜欢运动，因为无论是要摆脱抑郁，还是要瘦身，运动都能达到想要的效果。

我喜欢的运动是游泳。一般情况下，我早上 7 点半去游泳，之后洗热水澡，冷热交替，整个人会神清气爽，做什么事情都很有精神。渐渐地，我觉得自己的形象气质都变好了，身体和内心都充满能量。**身体在**

好的状态下，整个人都是积极向上的，头脑会很清醒，在工作中能做出很好的判断和决策。如果你没有睡够或者心情不佳，都可以通过运动来调节，运动能打通你的任督二脉，让坏情绪走开。

要有好的作息习惯。早睡早起是最应该保持的习惯，熬夜是很伤身体的，还会让人精神恍惚。我一向都早睡早起，这样会精力充沛，而且觉得一天时间很长。早上阳光很好，那段宝贵的时间如果在睡眠中度过是很可惜的，**应该早点起来看清晨的太阳，这样一整天都会很愉悦，**因为你没有错过一天中最早的风景。很多成功人士都有早起的习惯，这个真的值得学习和保持。

另外饮食也很重要，不要吃垃圾食品，要吃健康的食物。不要被美好的滋味诱惑，要管住自己的嘴，那样才能保护自己的胃，保持身体健康。给自己一些开心的提示。比如我很喜欢鲜花，就在家里放鲜花，每个星期都换一次。静坐时，会把鲜花放在附近，闻着它香甜的味道，心里感到安静而美好。

我曾经有过负面情绪很多的经历。我在宁波市场待过一段时间，那时候遇到了很大的挫折。当时我对员工要求很高，用要求自己的标准要求他们，他们就站在我的对立面，就是抗拒，不执行。我花钱让员工去学习，却有很多人不愿意，或者敷衍，这让我很失望和恼火。后来我改变了思路，调整了心态，**对于学习的事情不再强行要求，让他们自己申报，想学的就安排去学，不想学的顺其自然**。经历了这些事情，我明白调节自己的情绪非常重要，我也掌握了一些调节情绪的方法。

我愿意把自己调节情绪的方法和大家分享：

第一个方法是，改变关注的焦点。任何事情都是空性的，你赋予它什么意义，它就有什么意义。比如一个东西丢了，你可以不只去想你少了一个东西，你可以认为，它是在提醒你客户的工程款为什么没有到。

然后问自己：“我应该在哪方面做得更好，应该做出哪些调整？”在这个过程中，你会得到很好的锻炼，事情也会做得更好。你关注的焦点改变了，整个事情都不一样了。

第二个方法是，改变肢体动作。一个人在恐惧无力时可能会垂头丧气。这种肢体动作会使你陷入沮丧的状态，走不出来。因为这时有些肢体是缩着的，没有打开，要想快速摆脱那种状态，就要改变肢体动作，打开身体。比如我熟悉的运动——游泳，游泳的时候四肢不断划水，脑子不会想太多，肢体状态改变了，心里就能放下好多东西，人会变得愉悦。我现在每天都要做 30 下瑜伽动作，把两只手伸向天空，划下来时呼气，抬上去时吸气，来回 30 下呼气、吸气。然后我会冥想，我感到有一束光在头上，又射到我身上，感觉非常轻松、舒爽。

第三个方法是，改变自己所用的词语。词语是有力量的，你说出的话会影响到自己，词语又是免费的。情绪不好时改变自己用的词语，先假装自己开心了，就真的会开心起来。**要注意自己的口头禅，如果充满负能量，一定要改变它。**

以前我脾气大，常常会说“我实在太气愤了”。有一次，我儿子在学校玩的时候，被同学推倒了，我看到了很气愤。因为我很意外，那个学校号称很关心学生，做得非常好，怎么会发生这种事情呢？但是我问了自己气愤的意义是什么，想想气愤也是解决不了问题的。我就把“我很气愤”改成了“我很遗憾”，我想我应该感受到的是遗憾，而不必那么气愤，那只能让我心情不好，对其他事情都不会带来改变。然后我告诉儿子，和同学玩的时候要注意保护自己。这样，我心里就平静了，也找到了解决问题的方法。

有人说，你到处跑，很累吧，我说我很充实；有人说，你全世界地飞，很辛苦吧，我说我在飞机上可以看书，和作家做心灵和智慧的交流，很开心。公司在面临困难的时候，我会告诉自己我有接受挑战和超越自己的机会了。**人们常常会说的“很累”“很烦”这样的词，我很警觉，尽可能地不说或少说这样的词。累的时候我会告诉自己，身体需要休息一下。**改变那些常用的词语，你就不会觉得很多事情让你难过或不舒服了，你会觉得一切都是好的、快乐的，你的人生也会变得不一样。

第四个方法是，有感恩的心态。我会问自己，当下最感恩的是什么。对此，我的答案是我们的团队，他们用心地做事，才让我们在实现目标的路上，又前进了一步。我们在美丽的三亚开语音会议时，我感恩三亚和所有与会议有关的人。感谢我的眼睛，它让我看到美丽的海；感谢我的双脚，它让我来到这个美丽的地方。

去尝试了就会发现，我们的思维是可以自己控制的，通过调整自己的关注点，修正自己思考问题的方向，很多景象会和原来我们所想的不一样。我们可以让自己不生气、不急躁，做到安静、淡定、快乐、愉悦。这种改变就体现在你改变的一个词语上，你少说了一次气话时，你多向前想了一步后；而且那些事情我们每天都会遇到，**选择好的处理方式就是放过了一次自己，也放过了一次别人，就是给了自己正面思考的机会，就是多爱别人、自己和这个世界一点。**

保持正面的思考，摆脱负面情绪，是在我们的工作和生活中必须要学会的。只有这样，我们才能少很多痛苦，多很多快乐。

第 11 章　时间管理：有人会做得比我更好

Happiness in the Door

时间大于钻石。该授权的就授权，授权出去的事情就放心交给负责人，不是老板该做的就不做。比如在家里，家务我基本上不做，都交给阿姨做，当然我也会做菜，但那不是我的强项，阿姨做得比我好，就让她来做，不用花我的时间。**我做自己最擅长的部分，这样自己的时间就会管理得更好。**

为了管理好时间，我会根据时间长短来做从大到小的计划，包括年度计划、季度计划、月计划、周计划和每天的计划。

我会把一年最重要的事情列出来，作为年度计划。比如我 2015 年的目标，一是建设工厂，二是带团队旅游，三是提高业绩，四是公司 20 周年年会。四大目标在我心里非常清晰。2015 年的 20 周年庆典，我会提前三四个月订好酒店、列出嘉宾名单、做好节目安排、定好我的演讲稿大纲，还要部署下去，和有创造力的团队一起落实到各个环节。

年度计划列好后，会分解到各个季度，形成季度计划。一二三四季度都要做什么，都列出来。比如 2015 年第一季度我要做的事情是：实现收款的目标、做大客户的维护、项目的跟进、要出书，工厂前期的酝酿和策划、人才的引进、分公司的筹备；还有杭州公司要搬一个新地方，展厅的图纸已经出来了，效果图也完成了。而且这些事情会根据重要程度排出 1、2、3、4、5、6、7、8……这样的顺序，完成一件事情画掉一件事情。

然后我会把季度计划细化到每月，做出月计划。比如上海公司要开始运营，我都是提前酝酿，宁可把它启动的时间定得晚一点，也不会操之过急。执行月计划，我会写行动日志，这个习惯已经持续七年了，而且对自己进行五大管理：心态的管理、时间的管理、学习的管理、行动力的管理、目标的管理。有了月计划，每个月的业绩目标是什么、公司要拓展到什么程度，我心里都很清楚。比如我 3 月底去夏威夷、4 月去意大利参加米兰展等，都先计划好。

下一步就是做好周计划。同样根据重要程度，把事情列出来后，排出 1、2、3、4、5、6、7、8……

而且把事情落实到天。比如我前一天和司机说好了什么时候回公司，回公司后又要去三亚。

更细致的是每天的计划。每天都很忙，所以我多年来都执行这样的计划。我在 5 点半到 6 点间起床，第一件事是做感恩观想或练瑜伽，或者给朋友发一些有帮助的短信。早上还会做运动、学英语，或者是回复接收的邮件和微信，吃早餐。这些事情会在 8 点半，最迟 9 点之前都完成。9 点到 12 点，如果在公司就准时开会，或是打电话了解、对接项目情况，推进工厂的进度。

这么多年，我养成一个习惯，中午休息 15 分钟到半小时。下午继续处理公司的事情，对接项目等。晚上在家里吃饭的时候也很少，通常都在外面对接人脉、人才，或者和一些客户、团队成员一起喝茶、聊天。

重要的事情在年计划里都已经确定，大体的时间范围一定不会更改。比如 20 周年年会，时间确定了就不会更改，会提前很久把签证、机票、酒店都安排好。比如我 3 月底去夏威夷，4 月去意大利参加米兰展，也会提前很久定好，不再改变。要做什么，什么时候做，一切都提前规划好，这样心里会非常清晰。

我们公司的员工也能做好时间规划和事情的安排。象山团队的员工非常自律，他们7点半上班，6点多就起床。他们会自己安排和筹备活动，我很少参与他们的活动，或者说我很少干预他们。都是让他们自由发挥，因为他们有自己的规划。

如果问我时间管理最重要的是什么，我会说最重要的是四点：一、目标；二、计划；三、执行；四、检查监督。

原因很简单，这么多年来我一直都在做，每天写日记，做季度计划、月计划和年计划。从2009年到现在，已经好几年了。从财务、事业、家庭、学习成长、人脉、两性关系到个人健康等各个方面，我都有计划和目标。我出门都携带小纸条、便笺纸，想到有要实现的目标和要执行的计划，都写下来。每天重复写自己的核心目标：1. 收购原木工厂；2. 带员工去斐济玩；3. 实现象山团队的目标；4. 2015年9月16日举办公司20周年年会；5. 今天要做的最有生产力的六件事情是什么？……

在便签纸上写下：比如，我要和三亚的合作伙伴沟通，然后办去意大利的签证，然后约某总裁见面……一件件地去完成，每天持续地做，过一段时间会发现完成了很多事情。

时间管理还有很重要的一点，是要学会让专业的人帮你做事。

从2009年到现在，我工作的重心改变了，慢慢地以管理为主。只给他们提一些建议，外出归来就和员工聚聚，喝喝茶。销售的业务，有两个主管在打理，我很少参与，除非很大的订单需要我支持和帮助。团队稳定了，我就有很多时间空出来，可以去建设品牌和提高品牌知名度，去吸引顶尖的人才。

对我来说关键是要增加人格魅力，更有能量和格局感，去感动别人加入自己的团队。“榕大”最想吸引的是运营、品牌策划、财务、法律等方面的专业人才，而不是全才。**我始终认为找专业的人做专业的事是最好的，**他们能帮你做很多事情，这样你就可以省出时间去做有利于实现长远计划的或者你自己最想做的事情了。

比起工作，我在家庭上投入的时间少一些。以前我常把工作带回家，现在不管我多早或多晚回家，都不带工作。工作上的事情永远都处理不完，吸引人才、建设团队……只要企业还在，就永远有很多事情要做。所以我和我先生沟通好了，和孩子在一起的时候不工作，就投入当下的时光中，融入他们的世界。

我会提前做好带他们出去玩的计划，一旦做了计划，无论公司接到多大的订单，都不会因为业务失信于孩子。以前经常为了工作忽略家庭，现在不想还处在那种状态。以前我经常做早餐，现在我偶尔会做煎蛋、榨果汁给孩子们当早餐。其实经营家庭和经营公司是相通的，**让做得更好的人来做一些事情，就能节省下来你的时间。**

我自己做了一套PPT分享给同学，虽然同学很多，但我持续地付出，不断地邀请，他们终于接受了我。我收到教练的一条很长的短信，他说为有我这样的学生感到骄傲，我是大家的榜样。这些事对我来说并不是很大的付出，我的教练会这样说，我很感动。

安东尼·罗宾教的东西，我都在生活中运用了起来。对智慧的领悟、对公众演说的学习，这些都帮我实现了蜕变。尤其是那年在武台山，我从内而外发生了改变。很多人说我变美了，说我容光焕发，看起来更有能量、更年轻了。可能是我内在改变了，外在也随之发生了改变。我在夏威夷拍照，没有做美图修饰，把原图发在朋友圈，感觉就像修了图，效果非常好。现在我可以很快乐，可以做很多自己想做的事情，包括打造品牌和运营公司，觉得自己的生活越来越好了。

我的改变其实不是突然发生的，那是我长期积累的结果，而那些积累是我有效地利用了时间，又有效地减少了自己的事务，节省下了时间才做到的。我在学习上投入了很多时间，所以才会有内涵的积累、内在修养的提升，也因此我心态更好了，更加平静和快乐，外表也受到了影响，看起来更好了。时间管理真的是我们工作和生活中很重要的一件事，它影响了你每天的状态、你的目标能否实现，甚至决定了你一生中能取得多大成就。更好地管理时间吧，你的生活真的会变得不一样。

第 12 章　黄金销售利器：你要对销售充满激情

Happiness in the Door

一个企业里最大的销售员其实是老板，一点没错。我从十几岁就开始接触销售，到现在已经有了自己的公司和品牌，一路走来也是在不断销售的过程。在这方面我有一些自己的思考。

要想成为最厉害的销售，最重要的是热爱销售、喜欢销售。我从小就很活泼，喜欢和人打交道。我之前开五金店，就很喜欢和人交流。我觉得在交流的过程中能帮助别人，自己也会有所成长，会很有成就感。渐渐地，订单数额从几十元到几百元、几千元、几万元、几十万元，一直到上百万元，我甚至签成过1800万的订单。**整个销售过程就是交朋友的过程，是愉快地了解客户、帮助客户解决问题的过程。**

我有很多成功的案例，和你们做一个分享，希望能对你们有所帮助。

我有一个富春山居的客户，是别人介绍的，他是做直销的。我只问了几个问题，不到10分钟的时间，他就和我签了合同，刷卡付了款。我简单介绍了产品，告诉他我们整个展厅都是原木做的，我们专业做原木定制，已经做很多年了。我问他："你喜欢我们的产品吗？"他表示肯定。我又问："你愿意把家交给我，让我把这些产品做进去吗？"他说："好的。"就拿出卡来刷了。不到10分钟，五六十万元的订单就这么签下来了。这样的案例有很多。

另外一位客户，我已经签了合同，还有很多人想挖走这个客户，想说服他退掉。他自己给我打电话表示犹豫。**我问他："你现在最在意的是什么？"**他说想要便宜点的价格，**我说如果别的公司把价格给你降下来了，产品品质可能降低很多，你放心吗？**他说不放心。我说**我会保证产品和服务的品质，这个不是比低价更重要吗？**他就不再犹豫了，让我们赶紧行动，给他装修。

很多客户会这样，合同都签了，还有些犹豫。我们要用坚定的信念、对产品和团队的信心、对自己和对方人格的尊重去和他沟通，拿出信心和真诚，客户就不难说服了。

还有一个客户，浙江宾馆的老板。他在浙江宾馆纳湖2号西湖边的别墅价值3亿，做全世界的生意。浙江宾馆老板的朋友很多是开直升机的，他的五六个朋友去别墅看过。他叫他宾馆的主管斯总帮他找原木装修的公司，斯总帮他找了很多店，一年多都没定下来。后来斯总到我们展厅看产品，非常喜欢，我们店里的主管和斯总做了很深入的沟通。

斯总让我去见见他们的老板，我就去了，不到20分钟，200万元的订单就签了。我讲完，他就问我带合同了没有，然后就顺利地签了合同。那位斯总在旁边觉得非常好奇，不敢相信他的老板这么快就要和我签合同。之前有很多企业参与，有些甚至介入快两年了，想不到我们那么快就实现了合作，当然这一切与团队的配合与付出是分不开的。

我到底是怎么签下这个订单的？其实我就问了那位老板几个问题，比如**他喜欢的风格是什么、最后想要什么样的效果、预算有多少**等。我还告诉他我们的产品是直营的，讲了一下我们做过的案例，我们产品的特点和我们的理念。我告诉他：**"我给你做整木定制，你会很省心，我们在建材行业有十七八年了，是行业的专家。"**他听了那些大客户的案例就很认可了，加上产品、服务的信息和我真诚的态度，这个订单就这样顺利地签了。

我每次去和客户约谈，都会带着合同，还有刷卡机，随时准备当场签约。两三百万的订单意味着什么？在杭州，有些单店营业额只有三四百万。这么大的订单，我一个人不到 20 分钟就签了，效率真的很高了。香格里拉的这个客户，也是别的公司跟了一两年了，我们介入的时候是最后一个月了。

我去香格里拉三次，有一次约的 9 点。如果不堵车，从我们公司到他们那里半小时，如果堵车要一个多小时。我早上不到 6 点半就出门去了，一点也不堵车，7 点就到了，早餐店有的还没开。我就在车里等客户，想多点时间做准备，**回想客户问我的问题，思考怎么和他沟通。**见面时我已经等了两小时，但是我和客户说我 8 点多到的，然后我们谈得很顺，他们和我们签了合同。

还有一个浙江富阳的客户，他说和别的公司谈好了，快要签合同了。**我说和别人签合同也没关系，我们见个面，交个朋友。**第一次约她，我等了她整整一个下午，她都没见我。第二次又去，这次我们签了合同，她请我吃饭，还挺感谢我的。

这么多年我总结下来，**掌握三个关键点，销售会变得很简单。**

第一，你要和客户很快建立亲和的关系，这是核心点。客户真正相信你、认同你，他才愿意买你的产品。

第二，你的产品要好。产品好，客户就相信你，**你成功的案例多，客户就会觉得买你的产品或用你的服务很放心。**

第三，要彻底了解客户想要什么。知道他需要什么，你就根据他的需要，帮助他解决问题。

怎么能知道客户真正的需要呢？一般通过以下几点可以了解客户的需要：

第一，客户造房子、搬新房子的时间。

第二，他总投资的预算是多少。有些客户装修预算是100万，如果只产品一项就花100万，他肯定不能接受，你要了解他愿意投资的金额是多少。

第三，谁是装修真正的决策者。

第四，客户需求点。要了解客户最需要的是什么、他的家人最大的需求是什么。

第五，客户的装修风格。了解他与家人想要什么样的装修风格，不要忽略客户家孩子的喜好。

第六，参与品牌。

知道了这些，才能帮助他实现期望。

除了以上几点，还有很多实在的方法，我和从事销售工作的年轻人分享一下：

第一，要以帮助别人解决问题为出发点。一开始不要以成交为目的，要以帮助客户解决问题为目标，要发自内心地去帮助别人，这个非常重要。可能你听过很多次这样的话，但是一直没有做到，你要想如果对方感到你利欲熏心，会相信你吗？而当他感到你真能帮他的时候，才会真的接受你。这样成交是自然而然的了。

第二，提高自身的素质和涵养。注意言行举止和谈吐，要有亲和力，让别人喜欢你。先建立融洽的关系，像交朋友一样，这样就能够形成信任。

第三，要勤奋、上进。不断地行动才会有结果，一天拜访3个客户和拜访10个客户结果是不一样的，要尽可能多地拜访客户。

第四，要保持身体健康，也要有很好的情绪掌控力。和客户沟通的形式就是聊天，如果身体不健康，或者有黑眼圈，没睡醒的样子，客户也会被你传染，觉得疲惫不堪。你精力充沛，和客户聊天就能让他有轻松的感觉，他对你的好感也会增加。如果遇到要求过高或脾气差的客户，不要伤害他的自尊心，整个过程要尽量保持喜悦和平和。

第五，就是你要对销售有激情，充满热爱。你不要有被逼无奈、混饭吃的心理，要对销售有激情，热爱是一种状态，会感染身边的人，也能感动客户。**坚持不懈的信念是很闪光和宝贵的，所有感受到它的人都会有所触动，如果客户被你感动，你就很容易成功了。**

除了以上那些，做销售还有很多需要注意的，做到这些，才能成为一个成熟的销售员。

第一，做销售，80% 做准备，20% 见客户。意思是要把 80% 的精力用在做准备上，那 20% 用来和客户沟通。对大客户案例要如数家珍，画册、视频、光盘等要早点准备出来，自己的服装也要准备。

第二，不要和客户计较，要让客户有好的感觉。客户如果要求附赠一些产品或服务，在能承受的范围内答应他，客户喜欢那种优惠的感觉，因为他们会觉得你的产品和服务有附加值。让客户有好的感觉，生意就成功了一半。我以前开五金店就是这样，别人想让我赠送一个插头或插座，我会很痛快地赠给他，少赚一点也没关系，这样就能营造一种很亲和的氛围，未来更容易成交。

第三，和客户沟通还要专业、自信、不卑不亢。比如，虽然希尔顿酒店是很大的客户，我去和他们谈判也不会自卑，我会给他们专业的感觉，让他们知道我是代表集团来谈判的，这样对方也会更加尊重我们。很多大项目要招标，我有很多客户是通过电话和我沟通的，他会在电话里提很多问题，我会一一回答，这都为合作做了很好的铺垫。

第四，不要害怕被拒绝。有的人不敢做销售，很怕刚开始就被拒绝。其实被拒绝是好事，脸皮可以厚一点，可以再打电话。如果客户不断地拒绝，你可以从他最信任的人、他手下的人员或装饰公司那里去了解信息，**问他客户为什么会这样做，客户在装修上最期望的是什么。**有了大量信息之后，你会知道应该怎么做，找哪些人支持你，事情就更容易操作了。而且**我们不必恐惧，我们是去帮助别人，别人不买我们的产品是他的损失，**我们心里一定要平静。

作为“榕大”的销售员，工作是有明确步骤的，这些都是实实在在的、有利于成交的方法。

第一个步骤是，列名单，分类别。

先把名单整理出来，收集他们的信息，根据信息分成A、B、C三个等级。A级有雄厚的经济实力、有需求、有决定权;B级客户有实力、有需求;C级客户可能只有其中一种。

第二个步骤是，邀约。

首先，明确客户是怎么联系上我们的。比如来自自然门店、是行业联盟朋友介绍的、是房展公司的或其他客户介绍的。

其次，给客户做定位。知道哪些客户要近期交付，什么时间，客户想要的装修风格是什么，他的整个项目预算是多少，决策人是谁，孩子是男孩还是女孩，他是男主人还是女主人。

最后，要清楚别墅项目的定位，整个小区别墅的外观、里面的情况怎样，它的风格如何；整体的预算造价多少；它的别墅属于高端还是中端；是满足居住型的，还是体验品质感的。不同的客户，信息差别会很大，要先了解清楚客户的这些信息，明确他们的意向，然后再打电话邀约。在电话里这样说:“我是‘榕大’公司的某某某，我在做这方面的……给你做个计划……”

第三个步骤是，见面。

有明确意向后就约见。时间、地点一定要明确，**要再三确认。见面后再次了解需求，**比如，有几扇门、什么颜色、预算是多少等，做一次彻底的了解。有些联系人是客户公司的管理者或项目的管理人，要了解装饰公司是全包还是半包，有的原木定制包在里面，有的不包在里面，这些全部要了解清楚。

无论是装饰公司，还是客户自己，这边都要给他们提供方案。然后从专业的角度对整个项目进行分析，还要确认什么样的价格客户愿意接受。了解需求后做方案，解决困惑，签合同是顺其自然的事情。**最终你要给客户创造一些感动，成交就是一个感动人的过程。**

第四个步骤是，做好细节工作。

了解更多详细的信息，比如有同行在竞争的，要知道有多少家在比较；家里有小孩的，要知道小孩的爱好；还要知道家里有几个人住；问客户整个项目的对接人是谁。之后就是后续的一些细节工作了，比如，连接好电线，监督生产的过程，出货前再次查看货物，监控出货前的物流包装，联系出货的车，算好路上会花多少时间，和客户沟通好货放在哪里、怎么放、工人怎么安排等。

销售等于收入，所有的商业活动都是通过销售来取得最后的收获的，销售真的是非常重要的能力。其实销售不仅存在于商业上，也充斥在我们的生活中。我们要让别人做成一件事、帮一个忙、接受我们不同于他的意见，都需要去说服别人。

我们要拿出有利于别人的条件，让他们感受到我们的诚意，并接受我们，这就需要有类似于销售能力的说服力。销售能力能解决生活中的很多难题，你不想做一个有激情的销售员吗？

第 13 章 吸引人才：让100位总经理在内部创业

Happiness in the Door

“企业”的“企”字就是“人”和“止”，如果没有人了，事业也就止了。所以，对于一个企业，最重要的就是人才。我非常重视人才的引进和培养，在这方面也有自己的思考。

我会先列出**我的人才标准，这个人才主要是指管理层。**

第一，要有明确的价值观，价值观必须和我们一致。

第二，要有成果。无论他是否在这个行业，无论他之前做什么事情，都要有成果。

第三，品格要好。

第四，要有影响力。有影响人的能力，才能当主管。

第五，要有创意和创造力。

第六，必须持续学习，不断成长。

第七，懂得付出和感恩。

第八，有上进的心。

第九，懂得自律。

第十，和团队互补。

第十一，和公司有特殊的缘分。

第十二，能看到 10 年后的他。

第十三，喜欢公司，认同公司、认同老板，这是最重要的一点。

第十四，有忠诚度。

第十五，很多年持续做一件事。

第十六，身心健康。

要广纳人才，其实是有实用的步骤的，我一般是这样做的：

1. 列出标准。知道自己到底想要什么样的人才。

2. 持续不断地邀约见面，不断保持联系。

3. 在邀请优秀人才的过程中，公司不断地进步，让公司成为优秀人才的聚集地，不断提高自我要求的标准。要让人才看到，不管公司是否有人事变动，公司都是不断进步的。

4. 公司和产品不断升级。

5. 公司活动定期邀请人才来参加，让大家记得我们公司的存在。

6. 满足人才的需求。

重要性、变化性、确定性、成长、爱与连接、贡献，这六大需求，你只要满足人才的四大需求，人才就会加入你的团队。如何满足不同人才的需求呢？

有的人才需要好的岗位，有的人才需要好的收入，有些人才需要好的平台，有些人才需要好的环境。要让他看到公司的愿景，知道他想要的公司能够给他。当然前提是公司要强大，如果公司不强大，好的人才是留不住的。留住人才的关键，总结来说要内部、外部相结合，内部不断精进，外部做一些互动和连接，请人才喝茶也好，请他到公司来也好，都是外部的沟通方式。

招聘是个大学问，每个企业都需要研究透，在这方面，我总结了一些经验。

公司要有招聘目标。有了人才的标准，不能等着人才来找你，要有大量的人才可以挑选，从中挑选较优秀的。比如我要选一个财务或者一个行政，要有 20 个人来竞争一个岗位。**量大才能选出优秀的人，经过竞争，进来的人才也会觉得这份工作来之不易，会懂得珍惜。**

自己公司氛围很重要，在这方面要注意细节，员工要有好的服装、形象，带给应聘者活跃、阳光的气息，感觉和亲和力都很重要，公司本身也要有被选择的感觉。还有就是招聘时企业的展示和平常的状态要保持一致。很多企业为什么招聘会失败，就是因为前期做得太完美，后面的培训体系跟不上。

我们公司在招聘中呈现给应聘者什么形象，他进入公司后就会看到什么形象，心里不会有落差，他们发现这一点，心里会很踏实，而且更加珍惜工作的机会。而且，我会兑现对人才的承诺，之后的培训指导都会跟上，人才入职一到三个月会给他们做一个成长规划。如果没有这些，把人才招进来也用不好。

在招聘中，要给应聘者好的印象。在招聘之前，整个团队要先开会，商量如何配合，制定整个流程，进行细致的分工。就算有很多应聘者不能来公司上班，我们也要给对方留下很好的印象，可能没有马上进入公司，人才对我们有好的印象和感觉，有合适的朋友也会介绍到公司。

在招聘中，应聘者有什么问题，我只要有时间，都会认真回答。有些事情，我还会教他们怎么做，当时没机会进入我们公司，我也会和他们沟通，告诉他们怎么做能找到自己想要的、得心应手的工作、理想的工作。既然能来就是有缘分，还是温暖对待为好。有些人很沮丧、很迷茫，我们的短信和电话会让他们感到，他们虽然不能来公司，公司一样对他认可，会对他做很好的服务，他们也会对我们公司有好感。

还可以在招聘中做一些分享活动。我们会安排三四个员工在招聘时分享自己在公司的经历，讲讲自己的过去、现在和未来。他是怎么样加入公司的，刚加入公司时什么样，现在什么样，他有什么样的成长和变化，未来会有什么样的发展，让他讲给新员工听。

我们也会介绍公司，介绍公司的标准和要求，也会讲述公司发展到了什么程度、未来有什么目标等。新员工一进入公司，就开始考核。招聘结果会通过投票的方式决定，要安排好几个人，不能混乱，都要很有条理地推进。

人才是非常重要的，一切好与坏，能不能实现目标，都由人、由团队来决定。一流的公司就有一流的团队，二流的公司就有二流的团队，三流的公司就有三流的团队。人才的高度、公司核心圈的水平决定企业的命运。人才就是财富，找到对的人才，可以使你的时间倍增，实现公司的目标；找到不对的人，不但不能实现目标，还会消耗很多能量。所以人才非常关键，他决定了企业的成败。

想让优秀的人加入团队，最重要的是满足他的需求，并让他认同你。我们非常重视人才的培养，会进行各种长期和短期的人才培训。对老员工，我们会有不同的奖励，买车、买房、出国旅游。公司会做调查问卷，看员工到底想要什么形式的奖励。会做一个业绩的记录，比如达到预期目标五次去哪儿旅游、十次去哪儿旅游。

如果综合能力很强，可以带全家去旅游，也可以奖励现金。要了解员工的真正需求是什么，现金、旅游、实物都可以，重要的是让员工有被奖励的感觉，那样才能达到奖励的效果。老员工还有机会成为公司的股东，和公司共同成长发展。

只要进入我们公司，都会有很好的收益。我们的产品很高端，相对一些小金额成交量，我们花的时间是一样的，在短期内我们倍增了财富，当然同时也倍增了时间。

因为我们从事高档的原木定制，因此我们对员工的内在、外在都有很高的要求，服装、形象都有要求。我们有很多提升人才的内在和外在的培训，内容包括身体健康方面、目标计划方面、财务规划方面、各领域的人际关系、公众演说的能力、行销的能力、管理的能力等，我们进行全方位的素质提高和形象提升。我们接触金字塔尖的成功人士多，员工在无形中成长也更多、见识也更广。

比如这些年我通过不断学习，在做生意，和我的客户打交道的过程中，提升很多。刚开始的客户身家可能是几十万元，到后来有几千万元，甚至几亿元的上市公司的老板都成了我很好的朋友。我相信我的员工也会在这样的平台上不断提升自己、成就自己。经常与成功人士接触，对提高自身素质确实有很大帮助。

员工和核心领导层的水平决定我们公司的成长水平，我对员工的成长比对利益看得更重。我没有把业绩放在第一位，而是把员工成长放在第一位，而且我要持续做这件事。对我自己而言，也是如此，我不断学习、成长，不光要成为好的学习者，还要成为好的实践者。

我有个目标是培养 100 位分公司总经理，也就是让这 100 位总经理内部创业，自己做生意与企业合作。挑选这些经理是有标准的，有些标准和上文所说的人才标准重合，但不完全一样，对这些总经理，要求更高一些。

第一，要和公司价值观一致。第二，要有成果的。会实实在在做出一些成绩，而不是只会说好听的，或者曾经在某个领域取得过成果，领到的任务能 100% 完成。**第三，品格好。第四，有潜力。**我可以看到他的未来，也许目前他不具备很多知识，但他现在的表现让我看到他未来三到五年会成长得很好。**第五，要有影响力。**他要有领导者的风范，言行要能影响到别人。这个很重要，不然很难带领团队。**第六，要有创意**。他是不安于现状的，他愿意花心思为企业创新和突破，愿意开启新的篇章。

“榕大”的舞台够大，全国各地市场可以提供给这100位总经理去发挥，会给他们成长的空间。总公司也会提供很多的内训，在各方面提高他们的领导力。“榕大”会全力开发全国的一、二线城市，浙江宁波、杭州，江苏南京、扬州，广东广州、深圳，上海，北京等都会去开发，未来也会去开发新加坡、法国、美国、英国等国家。这100位总经理未来会成为“榕大”的合伙人。

一个人的潜力是无限的，是可以开发的，不断地刺激他的求知欲，就能开发出来。当然，首先他要对公司和产品积极，有热情，懂得感恩，认同公司。只要他用心了，后期会有很大的潜力被发掘出来。最重要的是不计较，一个员工大度，这样的人老板是非常愿意去成就他、帮助他的。那种计较的员工，哪怕有贵人在旁边，他也看不出来。这种人以自我为中心，只注重自己的利益，不会以客户为中心，不会有什么大的发展。

另外，**要有自律性，要懂得滋养自己**，我这里指的是身心灵上的滋养，要给自己养分。比如有运动的习惯，养成有利于健康的生活习惯，例如保养身体、阅读有益的书籍、看能帮助学习的视频等。还要有持续力，不是那种三分钟热度的类型，要能够持之以恒地做一件事，认定的事情会坚持到底。具备这些特质的人都是相当有潜力的。

对于“榕大”团队成员的职业生涯规划，从副主管到主管，到总监、副总经理，是有很大晋升空间的。公司给大家一个平台，各自去努力发挥能力，展现自己。薪资待遇当然是不同的，从工资2000元的实习生到带领团队的主管，不断提高能力，感觉领导信任自己的就抓住机会，一点点升上去。

做得好的总监有机会升职为分公司总经理，成为我目标中 100 位总经理中的一员，将来有机会成为“榕大”的合伙人，持有公司股份。我们“榕大”对员工的家人，尤其是优秀的员工家人也给予补助，业绩第一名的员工，给予奖励，对他们父母和另一半也有奖励，包括年会现金、旅行等不同的奖励方式，物质上和精神上的奖励相结合。

未来“榕大”会成立自己的商学院，每个员工都有机会在里面体现自己的价值。自己的工作做得好的，给发展机会，第一名可以成为导师，这样的员工能拿到指导别人的酬劳，软实力也会有所增强。关于商学院的课程，我和我的导师沟通过，包括很多内容：本行业专业知识拓展、礼仪培训、身心灵健康、艺术、营销管理、领导方法等。会分出不同的板块，由不同的老师来教。商学院的师资团队，也可以帮助客户，客户公司有需要，可以去给他们做培训。这是很棒的一件事。

为什么想做自己的商学院？因为人才是企业的灵魂，无论什么类型的企业，里面都是人在活动，都要有人才行。所以，**建立系统、打造团队，比任何事情都要重要**。招聘符合标准的人才，持续地培养优秀人才，这个事情一定要做，那些人才会帮助企业走得更远。

“榕大”计划在未来 10 年内在国内建立一所商学院，将来在海外也建立一所商学院，有中国总部和海外总部。在国内建一个商学院，将来在海外再建一个，有中国总部和海外总部，线上教学和线下教学相结合，平面的和立体的相结合。高中毕业生就可以入学，这样慢慢培养，设立奖学金，毕业合格的优先录取，可以直接成为“榕大”的一员，慢慢培养成主管或其他公司骨干。商学院要有几百或几千人的规模，把它当作孕育“榕大”人才的摇篮。

未来可以把“榕大”品牌放在互联网上，无论在美国、澳大利亚，还是其他国家，在任何地方都能找到视频，让客户看到画面，给客户讲我们的产品、品牌和企业。员工可以随时随地开发客户。还要建立一个“榕大”的互联网系统，系统可以设在海外，比如硅谷，公司可以每年用互联网系统定期召开大会。

“榕大”选择人才对学历没有特别的要求，不是不重视学历，是更注重综合素质。有的人过于急功近利，还没有好好思考过自己能做好哪些事情，就先想了太多关于待遇的事情，而且只注重眼前利益，关于自己和公司未来的发展想得很少。这样的人“榕大”是不欣赏的，觉得和他合作是浪费时间和精力，所以不会选择这样的人进入公司。一流的人才一定能拿到一流的薪酬，不过他要有能融入团队、为团队贡献力量的能力和热情，只有这样企业和员工才能双赢。

我们以后可以直接在自己的商学院招聘，在这方面我们会不断学习，求得进步。商学院的事情要越做越好，这是我热爱的一件事，这对“榕大”而言也是非常重要的事情。我们在杭州有分公司，现在正在布局全球的市场，需要很多人才，包括行销的、运营的、管理的、财务的、行政的、人力资源总监、设计总监、运营总监、财务总监等各方面的专业人才。欢迎志同道合的朋友加入我们公司。

第 14 章　双赢的团队：员工曾经用私房钱进货

Happiness in the Door

经营企业，避免不了要考虑一个问题，企业和员工的利益哪个要放在前面。其实想来想去，还是人们常说的“双赢”是最佳的选择，企业和个人的双赢是必须要选择的路。

毫无疑问，企业是追求利益的，但是企业在发展中可以做到，给员工合理的报酬和福利，给员工发挥才能的机会，不断培养员工，尊重员工的个性，让其为企业贡献才智的同时，可以展现自己不同于别人的特点。什么是双赢，就是：让企业的营业额不断提高，员工的收入也有所提高；企业规模不断扩大，员工的能力不断提高；企业的品牌形象不断提升，员工的成就感也增强了。

一个员工，他对公司的作用是给公司带来价值，给客户带来价值，而公司对员工要给予有形的经济上、物质上的回报，给予无形的学习成长的空间，让员工在时间管理、财富管理、身体健康等各方面得到更好的提升。

这种双赢的实现，需要双方的努力。企业要有伟大的愿景，员工需要把心放在公司，用行动去实现价值。双方是一种互相依赖、共同成长的关系。**没有完美的个人，只有完美的团队，完美团队的风范体现在企业日常的工作细节中。**

原木定制产品的客户都比较高端，成交一个客户相当于十个小客户，在有形的方面，短期内就能增加财富；在无形的方面，通过内部、外部的培训拓展，他在形象的改善、素质的提高、知识的增加和见识的增长上也会比在一般公司快。从人际关系、公众演讲等到全方位的能力的提高,“榕大”的力度也比一般公司要强，活动比别的公司多，旅游去的地方也多一些。

刚毕业或在“榕大”工作没多久的员工，也有机会接触到那些社会金字塔尖的客户，无论是上市公司总裁，还是其他的很有成就的人。这能够帮助员工在无形中形成气场，吸收能量，这是一个良性的学习和影响的过程。

“榕大”不仅是一个公司，还是一个平台，也是一个终身事业。它也是一个人脉的平台，客户都是企业高管、上市公司总裁、艺术家、明星等，可以说都是各领域的佼佼者、社会精英。这些客户都是宝贵的资源，接触并能与他们进行深入沟通的人可以将其作为事业的一种积累。

家里装修是很私密的事情，做装修服务能对他们了解更深，能看到他们的生活圈，了解他们的生活，为他们服务也是和他们交朋友的过程。所以在这个过程中得到的信息和资源，已经超过了一般的工作所能获得的。进入“榕大”的员工能在这里获得很高价值的资源，那会成为他未来事业的基础。

员工的成长速度，决定企业的未来，所以我非常看重员工，尤其是核心团队的成长进步。业绩不是第一位的，我要持续做让人才不断成长这个事情。我不仅是学习者，还是实践者，我会复习，会看着这个过程，不断调整和修正，并循环这个过程，实现真正的双赢。

我的目标是向有结果、有影响力的公司学习，比如苹果、谷歌等企业，打造企业和员工真正能做到双赢的团队。

要做到这些，**公司应该从内部开始，建立充满正能量的企业文化，**

让员工发挥创造力，尽可能多地用上自己的优势和天分。每个人都有优点，又都有缺点，作为公司，要用好员工的优点，把人才放在恰当的位置。对员工要有清醒的认识，弄清楚一个人是什么样的人才，适合做什么样的工作。公司给予好的福利待遇，核心主管和员工都能有成长的空间。在员工成长空间方面，要设计好，画好蓝图，可以让他们成为股东，成为公司的合作伙伴，这样，双赢是必然的结果。

而公司和员工都抱怨，**充满负能量的团队，是很难做好事情的。**因为互相不信任，员工会不上进，公司会无信用，客户在公司里找不到好的产品和服务，也感受不到好的氛围，企业目标会很难实现。公司走下坡路是避免不了的。这就是“双输”的团队，对这种情况一定要警惕。

以我们公司为例，象山团队就是典型的双赢团队。象山团队有两个主管，我对他们非常尊重和信任，进货售价完全让他们自主。象山团队主管的年薪几十万元，超过了当地很多老板的收入，员工生活相对富裕。他们那个团队特别懂感恩，部分高管每年过年都会来家里拜年。特别令我感动的是，应收款还没收回来，资金周转不灵的时候，他们会主动拿出自己的钱去进货。能做到这样，真的很不容易，这也基于他们对公司的信任。这个团队人员很稳定，多数都已经在公司工作四五年了。

我想未来 10 年后，我也会有自己的直升机，我和公司的核心高管可以乘飞机去不同公司视察，甚至可以去视察全球各地的分公司。我们会有固定的视频会议，总部每年年会都要办得盛大，也可以在海边风景很好的我国三亚，或者国外的斐济、澳大利亚等地举办，我们还会有自己的小岛。在中国我们有自己的办公大楼和五星级酒店，在自己的酒店开会，一定会有很自信的感觉。

这些都会落到实处，不是说说而已。要打造双赢团队，我还会不断去全球学习和参观，把自己的能力提高到世界级水准，再制定一些世界级的标准。要有高的标准，站在世界的角度看问题，当你做到的时候，就没有人能超越你了。我除了会去学习一些老师的经验，还会向一些企业家学习。学校是很好的人脉平台，当我准备好了的时候，就可以开始了。我会在全球布局，做到每到一个地方都有我的同学、有我认识的人，为自己的学习先打一个基础。

另外，我还会邀请一些企业经营领域的专家或核心人物，让他们做我们公司的顾问或股东，包括公司外部的和公司内部的，把优秀的大脑集中到公司，形成智囊团。比如法律、财务、行销等各个领域的专家，我们都可以请来，和公司长期合作，做我们公司的顾问，签三年到五年的我们都愿意。

从现在开始，关于世界500强的企业和品牌，我们要定期、不定期地去学习，包括参加一些展会、做一些拓展、了解和掌握行业最新动向。用好那些资源，把学到的东西变成自己公司的一部分，每个产品都要有创新的东西融入。

遇到不同的人才，也可以考虑是否可以用到我们的事业中。很多东西是相通的，尤其是不同艺术品的鉴赏，铁艺可以变成木艺，陶瓷也可以变成木艺。一个人或少数人的力量是有限的，要学会借用别人的才能和资源。

前段时间认识了一个陶瓷领域的专家，她做了三四十年了，设计的陶瓷非常特别，我就想如果让她帮我们设计木制产品，是不是也可以很好，或者请她来做我们的创意导师。这位专家我还会去拜访她。我还会去拜访和认识新加坡的艺术家，会去听一些他们的演讲，多和他们交流，分享他们的资源。

我们要打造长青的公司，就需要高素质的员工，所以要有好的成长理念和系统。指导好员工，就能倍增他们的时间，他们就能创造更大的价值。

为打造双赢的团队，我不仅自己学习，也带着团队一起学。核心管理层的水平决定了企业的水平，培养人才的速度决定了企业成长的速度，而且这对管理层来说，也是提高能力和思想境界的机会。如果只有我一个人去学习，时间长了团队会跟不上我的频率，领悟不到或者无法和我的指令对接。带团队学习还有利于彼此情感的交流，在学习过程中，还能让团队成员的思想、频率、能量达成一致，公司内部决策的内耗会少很多。

我和高管的意见不能达成一致，会严重阻碍公司的发展进程，那有可能会导致核心管理层的指令有的向东，有的向西，员工会失去方向感，不知道听谁的，更不用说执行到位了。可以说是观点不同，其实是思路差异太大，是一种内耗，像拉锯一样，有很大的杀伤力，会让企业面临困境。

很多员工觉得我要求高，竟然要求他们学习。其实你是我公司的员工，我不让你成长，我会有罪恶感，会觉得对不起你。所以我会说服你，叫你去学习，有一天你离开了我的公司，也会觉得在这里没有混日子，你有收获、有进步，学到了一些东西，那个时候你会感谢我的。

学习是一辈子的事情，不是离开学校就不用学习了。进入社会工作，需要学习的东西更多了。做市场或业务的要学习销售、学习带团队、学习如何控制情绪等，这些不是在学校全能学到的；即便在学校学了，也没有用过，在工作中就是要把这些东西活学活用。想做好工作，真是需要常常学、不断学，把自己会的东西融会贯通。学到，做到，悟到，才能得到。知识不会直接变成财富，知识要转变成行动才会有结果，这是一个过程。

我的团队里有一群人和我一样，在持续地学习。其实学习不是浪费时间，在这个过程中可以做很多有效的事情，我很多灵感和创意都是在课堂上出现的。学习也是一件让人开心的事情，洪豪泽老师的课，听三天、听一百遍也能听得下去，每次都会有新的收获。

我和核心团队，以及普通员工的学习，会形成很大金额的成本，但我觉得值得。在商学院里学习，国外顶尖的课程都是以万元计算的，有些课程的学费甚至近 10 万元，人际关系、时间管理、工作效率等方面的课程也都收费很高。除了我和核心团队出去上课、学习，我还会邀请优秀的老师到企业来讲课，这样的课程费用更高。

但是这些并不会影响我让员工学习的决心，我还是愿意投入这部分资金，我认为这是基本的投入，是公司给员工的一种福利。一个企业如果连员工的学费都不舍得投入，这个企业是很难成长得很好的。公司的软实力一定要打造，员工的能力和修养一定要提高，唯有如此，双赢才不是空话。

要打造双赢的团队，要有信心，甚至要有偏执的信念。面对最高端的客户，我们就是要有素质过硬的团队，尤其是核心团队。也因此，我们请了中国收费最高的企业咨询顾问洪豪泽老师做我们“榕大”集团的总指挥。

洪豪泽老师有 20 多年的实战经验，有非常强的管理和销售能力，曾经用两年时间，把一个十几个人的销售团队打造成了三四百人的销售军团，有他坐镇“榕大”，我们就多了一大支持力量。我们还请了法律顾问和财务顾问，还有顶尖的营销人才。有了这些外力的支持，我们的核心团队能成长得更好，公司会在双赢的状态下创造更多奇迹。

要基业长青，打造不断传承下去的企业，要有伟大的愿景，要有一流的公司系统，还要有一流的人才。产品和商业模式当然更不能忽视，它需要不断创新，不能让客户疲惫，而是要不断地改进，让客户眼前一亮。

如今进入了互联网时代,"榕大" 也不会仅限于线下营销，也会走上网络，通过互联网传播我们的产品、品牌和企业。要用好互联网这个媒介，我们要建立起互联网培训系统，做更好的线上沟通。我们很重视品牌的打造，公司有品牌运营部，会去收集好的案例，注意健康、环保理念，及时把那些好的理念植入 "榕大"。关于品牌的信息，我们会在网上及时传播，让更多人了解我们健康、阳光的品牌。我们还会不断在网上更新公司在同行业的排名，激励员工朝着目标不断进发。

公司的所有愿景和目标都离不开人才，所以公司不会只追求利益而牺牲了对人才的回报、培养和激励。公司和员工要双赢，公司在不断发展的同时，员工在物质和精神上也都要有巨大的收获。

第 15 章 **幸福：**

奶奶做的面条总是那么好吃

Happiness in the Door

幸福是我们从来没有放弃的话题，我们对它总是渴望、向往，不断追求。在我们心里，幸福有着不同的景象。我说，“推开门就是幸福”，因为我对幸福有自己的理解。

我去过印度，**阿玛巴关教导说：“什么是合一？合一就是爱、快乐、喜悦的当下。”**有满足、有快乐、有投入、有意义，就是幸福的。

幸福很简单，不一定要有很多钱、有很大的权力，而是生活中的很多小事。

幸福里应该有恋人的肩膀、孩子的笑脸、父母慈爱的目光。幸福是谜，但也有明确的答案，它就像每个人在心里画的一幅画，它的美好要你自己慢慢去体会。

幸福不是事实，而是一种感受。幸福也不是给别人看的，而是自己心里切实体会到的。即便别人说你不幸福，你自己心里充满阳光，感到快乐，你也是幸福的。幸福真的是自己心里的，不是在别人眼里，你的幸福感受只和你自己有关。

我能体会到的自己的幸福有很多很多。我有一儿一女，他们两个都很聪明、善良、有孝心。和他们在一起会发现时间过得很快，陪他们玩，可以融入孩子的世界。我们大人不会自己去荡秋千，但是小孩子会拉着你一起荡秋千，有时会让你坐在上面，他在后面推你，很好玩。平时你怎么可能去玩走独木桥的游戏，但是和孩子一起玩，你也会变成小孩，会沉浸在游戏中。

平时他们一起玩，我真的会参与，感觉很开心，孩子也开心。我会和他们一起去买金鱼，教他们怎么养、怎么给鱼喂食。女儿喜欢狗，我就让她养小狗。我会主动去和孩子玩，还和他们一起与宠物互动，把小狗带到山上拍照。在大自然中，真的很快乐。我会教他们游泳、玩水，和他们玩得忘乎所以，大概这就是天伦之乐吧。

有了自己的孩子就会更理解父母，尤其是女人生完孩子，和母亲的关系会更亲密。小时候家里条件不好，我感受最深的是父母对我要求很严，那时似乎并没有感受到多少关爱，常常觉得他们爱吵架、会唠叨。但我有了自己的孩子后，常能体会做父母的心情，我明白，他们只是不会表达对我的关爱，只是不像现在的家长那样和孩子像朋友。

我是家里的长女，长大后自己做生意他们常担心我，有时让我放弃做品牌，也是不想我那么辛苦，是心疼我。有一次，我生病住院，妈妈很担心我，陪我去医院，一直照顾我，使我很有幸福的感觉。就算我已经做母亲了，但是在他们眼里还是孩子。想想小时候，也是有幸福时光的，那会儿我常趴在爸爸背上，他会带我去看电影。其实从小到大，我和父母在一起的时间很少，现在有机会我会带他们出去玩，上次一家人去海南三亚玩得很开心。

奶奶也是我人生中的幸福符号。她做的炸猪油渣我始终印象深刻，鸡蛋放在猪油里泡起来很好吃。奶奶做的面条堪称一绝，总是那么好吃，怎么都吃不够。那时候条件不好，面条比较省钱，奶奶经常做给我们吃，她把面条卷起来，很熟练，那些面条里有奶奶的爱。

我有两个弟弟，都很帅。我大弟弟比较有魄力，为人比较豪爽，我小弟弟人际关系处理得比较好。我和小弟弟关系亲密，小时候我常给他零花钱，有什么事他都找我这个姐姐，很黏我。我和小弟弟像朋友一样，几乎无话不谈。而我和大弟弟，除了事业其他事情基本不说，不过遇到问题，大弟弟会马上出来支持我，尤其是在资金方面。

在投资做“榕大”时，大弟弟帮我说服了父母，帮了我很多忙，但他不和我一起做“榕大”。有时他比我还强势，在他面前他是老大，我是老二。因为学习了灵修方面的东西，我听到他说话，就像看到了自己，所以后来我开始反思，觉得自己可能有时候太强势了。

幸福就是那种喜悦感。和朋友聊天、一家人在一起吃饭、有一束鲜花……点点滴滴都是幸福。有一天回家时，家里的阿姨已经包了糯米饺子，材料很好，特别香，馅里有肉、香菜、葱、豆腐。我儿子和女儿特别喜欢吃，我也很喜欢。阿姨亲手包的，吃着有种特别幸福的感觉。

我的两个孩子上的都是寄宿学校，只有周末在家里，而且周日一般都送回学校，不然周一要早上 5 点起床把孩子们送到学校。我先生很勤快，想一家人在一起多待一晚，总是周一早上才送孩子去学校。周一早上，阿姨做好饭，我们一家人一起吃。有时候我的司机来接我，我会叫他一起吃，这些是在饭店里吃不到的，大家还能聊聊天，觉得很健康、很幸福。

我经常在吃饭的时候夸赞阿姨，她真的做得太好了。我觉得做饭很麻烦，要去菜市场买菜，还要洗菜，吃完了还要洗碗，一顿饭做和吃都算上要两三个小时。而且我家要五菜一汤，现在是八菜一汤，我实在是做不好这件事。阿姨却做得那么好，帮我节省下了时间，我真的很感谢她。我喜欢吃菜，米饭吃得比较少，阿姨做的菜是很合我胃口的。

我喜欢水果，觉得不仅好吃，五颜六色的也很好看。我没时间的时候，有时公司同事会帮我买好，一般我都买五种以上，还会买很多干果。我打算买个冰箱，在办公室里放水果和干果。我的车里、酒店、家里也都有很多水果。我还会买鲜花，一朵玫瑰或几束康乃馨，把它摆在办公室。可能你觉得麻烦，不过你也可以买几枝花，放在办公室，那也会很不一样。在有水果和鲜花的办公室里工作，会感觉生活很美好。

我很喜欢看书，每天必须看，在飞机上、家里都看，有时候放着音乐阅读。不是一定要有飞机、豪宅、名车才幸福，当下有美好的感受就是幸福的。**无论去哪里，我都会为自己营造幸福喜悦的气氛。**比如一进酒店的房间，我会播放美好充满能量的音乐，会去买几枝鲜花放在桌子上，马上感觉像在自己家。我到世界各地，晚上都睡得很安稳，心里充满喜悦。

我的团队也令我感到骄傲。有几次办年会，他们自己策划，虽然没有我的指导，后来我看到他们的表演，真的非常好，那些小品之类的节目，体现了他们的天分，我看了好开心。带员工出去玩是我非常喜欢做的事情。有时候我带员工去户外拓展，大家统一着装，会有一种幸福的感觉。上海的团队我也会带着出去走走，不一定去顶尖的地方，但是经常带他们去玩玩，拥抱大自然，感觉还是很好的。

宁波市场离得远，不能经常去组织活动。杭州市场两三个月会组织一次活动，去西湖、黄山等地方游玩。我和员工都是想出去散散心的，我会和员工说，既然出来了就放下一切，尽情地玩，要放松、开心。要去国外，韩国、印尼的巴厘岛等地方旅游，我会和员工做个约定，拿下第一名，或者达到什么指标，会让员工去，还可以带家属。这些能提高团队的凝聚力，提高公司的业绩，增强企业的能量场，员工也获得了物质和精神的奖励。

我的先生，更是我幸福的支撑者。他把光芒和成绩都给了我，自己做在幕后无私奉献的人。先生说，在一个家庭中只能一个当太阳、一个当月亮，这是两厢情愿的事情。20多年来一直都这么说，我真的很感动。

记得希尔顿的合同签下来后，员工和家属一共十七八个人在等我。因为我是董事长，我一到，他们表现得特别热情，简直难以形容，我当时非常感动。但我发现我先生有些意外，我看出了他心里有一点点失落。

其实对公司，我先生的贡献是相当大的，他只是把很多东西让给了我，还低调地说销售和演讲不是自己的强项。酒会之类的场合，他都把我推到前面，让我讲话，不过通过学习和锻炼，现在他也很会演讲。我先生很朴素，有朋友和我说过，有一次送货，他亲自搬货，没有架子，踏踏实实，非常难得。这个把光芒都给了我、自己默默奉献的男人，真的让我感激和崇拜。

之前经营杭州的市场，我认为销售是我的强项，我先生在销售方面参与管理不是很多。我有半年时间没去杭州，后来我去了，发现“榕大”创造了杭州的奇迹，他们曾经一个月签下 360 万元的订单。我先生对员工很包容和理解，所以他很有领导力、凝聚力和人格魅力，员工很敬爱他，愿意配合他。20 多年来，他一直这样带团队，包括象山团队，他带的团队特别稳定。在这方面，我不如他，我有时候会情绪化，和员工沟通会出问题，有的人甚至会因此离开公司。

2009 年，我在杭州做团队建设，做画册之类的，年底才弄好。2010 年业绩 50 万，2011 年 180 万，2012 年 270 万，三年的总营业额为 500 万。可是现在我们一年就创造了在杭州时三年的业绩，我总结这个数字时心里有满满的感激。我一年做了之前三年的业绩，只是五个订单，这种成长和进步让人很感动。六年的沉淀换来今天的结果，我先生也非常开心。现在杭州全部让他去做，我完全放手。

现在社会上患抑郁症的人那么多，这和有没有钱无关，抑郁是因为没有快乐感和幸福感。我接触的很多人问我说：“金总，你是怎么保持幸福快乐感觉的？你怎么让员工在公司保持幸福感呢？”说实话，我自己之前也没有现在这么高的幸福指数，这需要调整心态。

你要把你想问题的焦点放在健康阳光、令你感到幸福快乐的事情上。因为当感到匮乏时，你就会有无力的感觉，每天想着我的身材不够好啊、收入不高、我的孩子不听话、我的先生不体贴等，那些事情就会不断呈现在你面前，会形成恶性循环，你很难快乐起来。生病时你才能体会到健康多么重要，什么都有了，却没有快乐时，你才会知道阳光的心态多么重要。

在一个课上，我听老师讲过。有一个人得了胃癌，他一天到晚觉得胃很疼。别人问他，你的全身除了胃，还有好的地方吗？他说除了胃，其他地方都是好的。别人就告诉他，那你多想想身体其他的地方啊，五官、四肢等。你要不断感恩那些地方，庆幸它们是好的。你对自己拥有的东西感恩，那样你拥有得就会更多。

前段时间我看电视节目《超级演说家》，有一位女士没有双手，有人给她准备的礼物是手链，可是她没有手，没法戴。她很正面，以至于朋友都忘了她没有手的事实。我想每个人都应该像她那样充满正能量。对你拥有的一切，内心都应该充满感恩，心里是满满的感恩和幸福，你就不会觉得自己缺少很多东西了。

有的人有很多钱或者权力很大，但没有人关怀他，他就是不幸福的；有的人没有很多钱，也没有很大权力，但有家人的关心、爱人的陪伴，他的心里感到满足，他就是幸福的。

幸福也需要一些因素支撑。要获得温饱，有安全感，拥有爱与温暖，常常感到快乐，拥有健康，不被人伤害，有稳定的收入，有自己的住所，和喜欢的人在一起，常常觉得美观、干净、舒适、方便。

能否获得幸福，取决于怎么去理解它。比如“人生的意义是什么”，如果人生的意义是占有很多，你可能欲望越来越多，很难幸福；如果是珍惜所拥有的，还把给予别人当成一种快乐，幸福就能更容易一些。

孩子总是欢笑着，因为他们没有贪图太多东西，很简单，所以很幸福。我们成年人也要向孩子学习，不要被岁月磨没了纯真烂漫的情怀。

怎么更容易获得幸福呢？和自己没有出生前相比，已经拥有了太多美好的东西，即便是无趣与冷漠，也是你能感受到的。人生那么短暂，活过之后会失去一切，就什么都没有了；现在拥有的即使是最普通的生活，也是宝贵的。我们活着的每一天都在等待明天，明天是充满希望的，在这个过程中释放能量，不断追赶，你会不自觉地笑出来。

我想幸福是有层次的，当我们得到了温暖和安全，就能实现浅层次的幸福；而当我们实现了愿望和理想，有一种深远的满足感，我们就获得了深层次的幸福。很多人有很多财富，被人羡慕，但是如果他们很孤独、缺少爱与关心，他们的幸福就是浅层次的。而有的人物质上一般，但能得到关怀和陪伴，有喜欢的事情做，能实现很多愿望，人生很有意义，他的幸福就是高层次的。

高层次的幸福是：像小时候一样欢乐、有活力、有激情；找到深爱的人，和他一起生活，互相温暖；热爱自己的事业，有激情地为事业奋斗，让每天都过得充实而有意义。

尽情地表达，去做真实的自己，这种感觉会很好。把当下的感觉转化为感恩，活在那个情绪当中，你会很喜悦、很开心。生命的品质就会提升，能量也会增强。我们的生命是用一天一天的时间串联而成的，每天都保持好的情绪，你的生活就是幸福、美好的，而且你的幸福是高层次的。

第 16 章　**做不一样的母亲：**
“妈妈的钱包里是有钱，你现在没有钱”

Happiness in the Door

每个人都在这个社会上扮演着不同的角色，我是父母的女儿，同时也是孩子的母亲，我会是怎样的母亲呢?

母亲是孩子接触的第一个人，从胚胎变成一个真正的小孩，一直和母亲一起生活，吸收母亲的营养，感受母亲的情绪，在不自觉中受到母亲的影响。因此，教育孩子也就成了母亲的责任。而不同的母亲对孩子的期望差别也很大。

有些母亲希望孩子成为天才，从计划要孩子、准备，到怀上孩子、做胎教、孩子出生，再到上幼儿园、小学、中学、大学，一直进行全方位的教育，希望孩子成为最优秀的人。这样不知道孩子有多累。

我和我先生在教育孩子方面意见比较统一，不会把孩子的学习成绩当成评价孩子的唯一标准，我们更注重对孩子品格的培养。一直以来，我们都对孩子做这方面的引导，基本的礼貌、礼仪，卫生和健康习惯，在这些方面都教他们，让他们知道尊重别人、懂得付出，还要健康快乐。

我很少批评孩子，对他们一般都是竖起大拇指，进行赞美，我很注重培养他们的自信。我儿子很有礼貌、很懂事，现在刚读小学。他给我打电话第一句话会问:“妈妈你在哪儿?吃饭了没有?”别人生病了他也知道关心，会问好了没有。不仅知道关心我和他爸爸，也很关心家里的阿姨。

有一次，阿姨做了甲状腺手术，我儿子去医院看阿姨，一直掉眼泪。两个孩子都很有爱心，懂得关心自己身边的人。我儿子很自律，早上6点就起床，从不乱花钱，算是个优秀的小孩了。他做卫生不是很积极，这方面需要加强，不过我不批评他，而是用赞美的方式让他改进。赞美比批评更有效。

我和孩子会像朋友一样，不摆家长的架子，会和他们平等地沟通，会和他们一起做事，带他们出去玩，会尝试着走进他们的世界。在游乐园里，孩子拉着我玩游戏，我就会参与，和他们一起玩。一起玩确实可以拉近和孩子的距离，他们觉得大人的世界不好玩，但是你能感觉到他们很爱你、很支持你。

公司举办活动，我儿子也去参加，看到我上台讲话，他会在台下说："妈妈上台了，妈妈上台了。"还忍不住鼓掌，后来站在凳子上拼命鼓掌。他的眼睛是发光的，在台下认真地看着我，我很开心。一直以来我忙于事业，陪他们的时间不多，觉得亏欠了他们很多，特别是我女儿。

作为一个母亲，情绪稳定很重要，要为孩子创造好的氛围。孩子在家里很简单、轻松，他们想玩什么就让他们玩什么。有时候也拿我的手机玩游戏，我会给他们规定一下时间。我和我先生无论在事业上还是生活上有分歧，都尽量不在孩子面前争吵。

我没想过要培养孩子接班。未来谁适合这个企业就让谁接班，不然我的企业会毁在接班人上。如果他们热爱这个事业，能力也够，当然就让他们接着做。他们可以选择自己喜欢的事，我不会干涉，有能力就自己去创造；没有能力，这个事业也未必能做好。我不会把财产全给孩子，大部分会回馈社会。我觉得他们可以自己创造财富，给他们太多钱会影响他们的成长。他们需要的是能力和品质的培养，长大后也可以创造财富，我一向是这样的想法。

我百年之后，希望孩子们对我的评价是：妈妈是勇敢的人，是个慈善家。孩子们会以妈妈为榜样，热爱自己的事业、不断前进、对很多事情不恐惧。他们会明白，妈妈创立企业也不仅仅是为了钱；积累了这么多财富，要感恩朋友、社会，要去帮助别人、成就别人。他们会明白，妈妈把企业财富的一部分拿出来为社会做贡献，设立慈善基金会、建立希望小学，是很有意义的。

安东尼·罗宾先生让上亿人吃饱了饭。我加入安东尼·罗宾的慈善基金会，已经在做这个事情了。对贫困地区的捐赠，现在也开始做了，不管多少。慢慢地，觉得自己是个好人，别人怎么看自己不重要，自我认知才最重要。我现在的生活，可能很多人认为很好了，是他们向往的生活。但我的要求已经提高了，养成了成功人士的习惯，每天沉浸其中，内心有很大的力量。

我女儿是个很乖的孩子，很听话，我只希望她将来做自己喜欢的事情。我会给孩子讲他们名字的意义，儿子名字是陈奕铭，小名乐乐。我常常说："儿子，你叫陈奕铭，陈是爸爸的姓，你是陈家血脉；奕，是神采奕奕，妈妈希望你是快乐的；铭是铭记，谐音'名'。妈妈期待你长大后是个有知名度、有影响力的人。"女儿叫冰冰，我常说："冰冰，你是个冰雪聪明的好女孩，聪明的人都是懂得感恩、懂得付出的人。"我给他们灌输这种理念，希望他们阳光而有爱心。

我会帮他们录潜意识 CD。我女儿今年已经 16 岁了，她每年过生日我都带她去拍一组照片，儿子也是。如果生日这天没来得及拍，我会找时间给他们补上，我每年都送他们一个影集，我认为这是最好的礼物。这样累积起来，将来他们结婚的时候，看到自己成长的照片，多有感觉。到时候他们就会知道这是多么贵重的礼物了。每年给他们拍照时，我和我先生也会拍一张照片，留作纪念。

我觉得陪伴孩子很重要，但那是小爱；自己做事业，有好的结果和物质的基础，给他们更好的教育，对社会做出贡献，以身作则地教育他们，则是大爱。如果我比较失败，没能力给他们好的教育，天天陪在他们身边，他们不如意的事情会更多，他们也没有办法为母亲的成绩骄傲。父母事业上好一点，家庭又和睦，孩子相对还是更幸福的。

我的两个孩子都很聪明，**言教不如身教，父母的品格、精神、美德，会在无形中影响他们**。有时候我早上5点就出发了，他们还在睡觉，要是醒了，就会抱着我哭，问我什么时候回来，他们很珍惜和我相处的时间。我会耐心地告诉他们，妈妈去赚钱，要去帮助别人。其实我也是很内疚的，知道他们需要母亲的陪伴，但是这个事情必须有取舍。

现在我的两个孩子没有很多依赖性，都很自律。有时候儿子会问我说："妈妈，你的钱包里是不是有很多钱？"我说："妈妈的钱包里是有钱，但那是妈妈的钱，你现在没有钱。妈妈的钱是妈妈的，你现在不会赚钱，以后也要像妈妈一样会赚钱。"我这样引导他们，让他们注重自己能力的培养。不想让他们有依赖心理，以后不上进了。

我曾经总结过，要处理好亲子关系，需要做好六件事。

第一，做好孩子的榜样，发自内心地欣赏孩子。别人也和我说，你是用行动去教育孩子的，身教胜言教。大人对孩子是否诚信、大人对老人是否孝顺、夫妻关系处理是否得当、员工关系处理是否得体，孩子是会看到的。事业的成长、成功，你的勤奋、你的思虑，孩子也是会看到的。

第二，认同和欣赏。你要让他们发挥自己天才的素质，尽可能理解他们的行为，这很重要。

第三，让孩子自由发挥优势。如果他不喜欢某些东西，不要强求。

第四，学会聆听。孩子和你说话，你要100%地注意，一定要静下心来聆听。

第五，不要把学习成绩当成第一目标，要培养良好的品格。

第六，教他们懂得感恩和付出。不断引导他们做自己的领袖，我在学习成绩上对孩子要求不是很高，更注重培养他们的品格和修养。我儿子走路摔倒了，我和我先生从来不扶他，让他自己站起来。他很独立、机敏、善良。

将来他们长大了，我会让他们参加"榕大"的会议，带他们去优秀的企业参观，希望他们具备领导者的特质。也许有一天我会把孩子送到西点军校学习，出来身体综合素质、抗压能力方面都会有很大的提高，会很优秀，这是我想给他们的。中国人都说富不过三代，很多人问我是否担心自己的孩子是富二代，养成什么不好的习惯。其实我和我先生很早就注重他们品格的教育了，他们都不浪费，心里很阳光。

有人说"穷养儿子，富养女儿"，我不太认同这种思路，这个想法本身就有问题。让孩子有安全的学习环境和良好的氛围就可以了，孩子的心灵和品格好最重要，不在穷养富养。可以让他们多体验生活，他们知道穷的地方没有饭吃，就会珍惜食物了。女孩要想有高贵的气质，就让她多见见世面，只是尽可能地去做，如果家庭条件不同，也不必强求。总之，一个品格好、心灵美的孩子，即便未来不大富大贵，也会是健康、幸福的人。

我尽可能地去做一个好母亲，因为我希望我的孩子从我这里学到很多，成为健康、快乐、幸福、有爱心的人。

第 17 章　内心驱动力：强烈渴望改变家族命运

Happiness in the Door

在一个课程中，老师给我们讲过一个实验，是卡内基梅隆大学的一个心理学实验。是一个关于内心驱动力的实验，它的结论对我们每个人都有激励作用。

实验是这样的，研究者让两组大学生竞赛，玩积木游戏。第一天，两组成员注意力非常集中，完成游戏所用的时间是相同的，即使没人监督他们，他们也做到了聚精会神。第二天，第一组每次完成一个积木拼图后，给他们一美元的奖励，不给另一组奖励。第三天，组织者宣布，因为经费不足，取消了奖励。很让人意外，没有得到过奖励的第二组保持了竞争力，向每一个有难度的拼图冲刺，而得到过奖励的第一组，完全懈怠了，已经不能专注于竞赛了。

是不是很奇怪，为什么会这样呢？专家对此进行了总结：人的行为的动机分为三个层次：第一个层次是生物驱动，比如衣食住行；第二个层次是源于激励的追求，比如奖励、逃避惩罚，即我们常说的胡萝卜和大棒；而**真正能让人和组织提高绩效、有工作热情的是第三个层次的东西——驱动力，就是人主导生活、延伸自己的能力、让生活变得更有意义的深层愿望**。

实验里的第一组学生，在没有奖励的时候就懈怠了，说明奖励不是他们做这件事情的驱动力，只是助推力而已。所以**每个人内心的驱动力**

才是最重要的，是积极做事、为社会做贡献、做到成功的源动力。

我自己是一个没有背景、没有学历的人，能一步步走到今天，不能不说是内心驱动力的结果。我强烈渴望改变自己家族的命运，一路走来也有很多贵人帮我。我不能辜负给我生命和养育我的父母、帮助过我的贵人和朋友、信任我的客户及员工。

企业要做成什么样，到一定程度就不仅是创始人自己的事业了，还关乎很多家庭，和合作的上下游客户也都有关联。不让所有相关的人失望，成了我的驱动力。

我是不服输的，有些争强好胜。在事业发展的过程中，别人比我做得好，我就想超越他们。现在回过头来看看，我公司的业绩和团队的素质已经超越很多同行了，他们之前比我们风光，现在还是老样子，没什么大的进展。

当然我的员工中也有一些，在一个地方做得不错，就追求安逸了，不愿意继续向前走，不想去别的城市了。我开拓上海市场，很多老员工不愿意动，没有开始的驱动力了。我对上海市场也不是很熟悉，但我觉得，人脉中有几个人，能让我开始就可以。推开一扇门，就是一片森林。要不断前进，去实现心中的目标。我相信小时候妈妈教我的话：**“无论有多大困难，只要还在坚持，一切都有可能。”**

几年前，我在事业上遇到一个非常大的挑战，那算是我人生的最低谷。我公司的一个核心管理者离职，60% 的团队成员被他带走了，当时我确实很受打击，很痛心。不过我坚持信念，不断告诉自己：**“没有最好，只有更好，得不到想要的，就会得到更好的。”**当然，这件事的发生我也有责任，可能是一些事情处理不当。可是面临这么大的挑战已经没有办法，我只好鼓励自己。

我当时想：没关系，就算全走了，我仍然愿意从头开始，继续做这个品牌；当初不也是我一个人开始的吗，现在回到原地，我还有核心团队在；只要有人在，坚持到底，一定能挺过来。把那种焦虑、恐惧、愤怒化作无限的动力。

我当时想，你看好了，我让你永远追不上，不能超越，没有你我们一定发展得更好。我知道他这么做是有原因的，没关系。他行为太恶劣了，带走了我们的团队不说，我们已经签了的合同，他都要去挖，一个一个合同地挖，让客户和我们解约。我想他做了什么事情，上天是在看着的，会做出判断。我当时也调整了情绪，没有把思想的焦点都放在那件事情上。

这件事情本来我已经忘记了，因为我选择了宽恕这件事、宽恕我自己。可能是我管理失误，也可能是我太过信任别人，或者是其他原因。好在我的销售功力很强，否则合同一个一个被他挖走，确实损失巨大，客户和员工这些最重要的资源被带走，公司是要面临倒闭的。

到目前为止，我相信自己是个比较正的人，能沉稳地做好这个品牌。那个时候算是我事业的低谷了，公司遇到资金紧张的时候我都不会觉得是低谷，那对我造成的不仅是物质上的影响，还有心理和情感上的刺激，被信任的人背叛是很难过的，后来我就多了很多经验。

虽然经历过挫折，但我从来没想过要放弃“榕大”这个品牌。无论怎么艰难，爸爸、妈妈怎么劝我放弃，我都没有动摇。很困难的时候是有的，订单没有，或者订单错误；货来得不及时，客户一个电话一个电话地催；投资很多下去，没有利润，焦虑忧愁。但我还是每年投、每年投，没想过放弃，一直到现在。

我弟弟是做工程单的，是贸易型的，没有品牌，没有标准制度、工作流程，也没有员工培训。员工基本的礼仪都没有，客户来了电梯都不会按，头脑中一片空白，他们就是这么操作的。我和我弟弟说这样太不专业了，他说没有几个 20 多岁什么都不会的员工。我们的理念是不同的，他知道我的梦想是有自己的品牌，他说，做品牌赚不到钱，会实现什么人生价值？谈什么品牌，赚钱最重要。我却认为他那样的做法很难走得长远。

有人问我为什么内心那么强大，坚定地做“榕大”这个品牌。我说，做品牌，是因为我知道品牌有更大的价值、承载着更多的意义。而且当你有好的品牌时，实际的价值也会很快显现，到时候一个订单创造的营业额，可能是别人一年的营业额。现在我们真的做到了。

亲人的痛苦也提醒我，一定要把事情做好，照顾好我的家人。那些都是我内心巨大的驱动力。

我先生年纪轻轻的，已经没有了双亲，他的父母很早就离开了这个世界。我的孩子那么小，从没见过爷爷奶奶，这也是很令我悲伤的一件事。我婆婆得的是癌症，生病时很无助，牙齿都拔了，很痛苦，只能靠汤维持生命。医生说镶牙可以吃肉和菜，不然只能喝牛奶或汤。有一天，医生说牙齿不能修了，她整个人就崩溃了，拒绝吃东西，营养不够，加上重疾，很快一点儿力气都没有了，生命就像蜡烛一样燃尽了。

我公公也很苦、很让人心疼。记得我刚懂事的时候，他的手就有些残疾了。有一次晕倒了，发现是高血压，躺在床上不会说话了。我们看着他生命气息减少，心脏停止跳动，却无能为力。那种感觉真的很无助、很痛苦。在我心里，我先生的父母和我的父母一样，所以我和他一样心痛。“子欲养而亲不待”，就是我先生现在的情况，这是最令人无奈的事情。所以自己的身体也一定要好好保护，健康真的是一种幸福，不要等到失去健康的时候才明白。

挫折也能成为内心的驱动力。有时候遇到有挑战的事情，我心里会感谢那件事，因为一些事情的发生有特别的意义。我会去想这件事情为什么会发生、高管为什么会跳槽，是我没有给够待遇，他受了委屈、遇到了挑战，还是外面有更大的诱惑？我没有满足他的六大需求，可能是一方面。

我还会做问题分析，员工到底遇到了什么挑战？业绩上的、家里的，还是情绪上的？就像小孩生病，找到病根才知道怎么治疗。要先去了解，再引导他们去转换。要清楚他们内心最骄傲的是什么，再引导他内心的驱动力，这样才能让他们积极起来。之前有个员工的奶奶去世了，他情绪低落。我们去和他沟通：说你在做自己的事业，在做贡献；生老病死是自然现象，你好好做事就是更好地尽孝。后来他慢慢地好起来了。

我也会用一些方法保持员工的驱动力，保持他们对事业的热情。员工犯小错误，我会及时引导他，告诉他这件事怎么做更好；没有战斗力的时候公司会有内训；人员懒散了，会激发他们的潜能。

我会向比我成功的人请教，向他们学习，并努力超越他们，这是我激发自己的一种方式。我会带业绩顶尖的员工和一些高管去好的公司参观，请行业领域的销售冠军来公司讲课，让他们心里有榜样，看到自己成长的空间。就这样，用多种方法激励他们，让他们有所触动、内心有驱动力。

我自己也会为保持驱动力而努力。我每天都听潜意识 CD，脑海里有好画面和正能量。我会去听好的课，老师会激发我，我也会用这种方法激发员工。

第一次参加安东尼 · 罗宾的课程，是 2010 年，在斐济他个人的小岛上。上课的时候都没有人想下课，正能量特别多，状态特别好，不会感到疲乏。

他是真正的大师，可以培养顶尖的世界 500 强企业领导人，很少有人能像他那样做成那么多有难度的事情，**他会想尽办法给你物超所值的**

东西。在别的地方接触不到的东西，在他的课程上都能接触到；你想和哪些大人物见面，都是有可能的；每次活动都有礼物和其他惊喜，总有无与伦比的体验。

安东尼·罗宾老师会请影响全球经济的大人物格林·斯潘，“白金财务”课程中，请了15个财务投资各领域的专家。那些人会畅谈怎么掌握全球经济、怎么合理分配你的资源、关于投资的回报、如何分散投资等。活动有关于冒险和速度的体验，我们曾经在法国开车，在山上飙到300码，感觉真的很不一样。

安东尼·罗宾老师是个很有魅力、内心充满正能量的人。我们每次在课堂上有困惑，他都耐心地辅导、全心地帮助，让我们走出困境、完成蜕变。他要把更多的爱给别人，像对待家人一样。他让我深深体会到心灵的力量、爱和感恩的力量。这让人非常感动。

从2010年到现在，我上了很多他的课。我感触最深的，对我帮助最大的是“化解恐惧的五个关键”：

一、每天喂饱你的心智、你的脑袋，如果你不喂饱它，它会长出杂草；滋养你的心灵，每天看有价值的书籍30分钟。

二、每天必须强化你的身体30分钟，肢体动作改变状态，好的状态创造好的结果。

三、找一个伟大的模范，冬天是你的季节，你必须找到榜样。

四、必须采取大量的行动。并不是一定等到完美的时候，必须不断地行动，调整，行动，调整。

五、亲密就是力量，给予超过预期。

通过上课，我发生了很多改变，心里充满了正能量，更懂得了感恩。我努力做最好的学生，不断地复习学到的知识，还会和别人分享，在生活中实践。

第 18 章　**感恩清单：**
有些人是上天派来度你的

Happiness in the Door

我很喜欢“感恩”这个词，也很喜欢去实践它。

感恩是一种处世哲学，是一种人生智慧。有智慧的人，懂得为自己拥有的一切感到快乐，而不是只关注那些自己没有的，然后失望、悲伤，也不应该总是想从别人那里获取什么，而是懂得感激，心存谢意，对生活给自己的一切都去感谢。这样就能形成一种积极的人生观，形成好的价值观，处于心理健康的状态。

我们的世界里充满了感恩。落叶会感恩大树，也感恩大地，因为它来自大树，走向大地；白云会感恩蓝天，也感恩人们的眼睛，因为它在天空下飘着，绘出美丽画面，人们用眼睛给它赞许。大自然和人类社会中，处处都是感恩。

感恩会达到一种境界，你会觉得你获得的已经很多了，你亏欠别人很多，因为你要为自己获得的一切去感谢和回报。

感谢我的爸爸、妈妈给予我生命，让我有聪慧的大脑和健康的体魄！感谢我的先生 20 年如一日用大海般的胸怀包容我、鼓励我、支持我！感谢我的小舅舅、小舅妈帮我开启了小镇上的事业！感谢我的三舅舅在我初创业时带我去进货！感谢瑞勤大哥给予我方向的指导！感谢阿兵哥鼓励我进驻象山！感谢我两个优秀的弟弟给予我支持和动力！感谢冰冰和乐乐在生活上给我带来快乐，使我不断前进！感谢杨师傅持续不断的支持！感谢杨立斐的付出与支持！感谢郑松玉八年如一日，在健康上给我指导！感谢象山团队在徐路通和金薇薇的带领下默默地付出，给我的支持，并一次又一次地创造奇迹！感谢晓晓、金敏江、李光辉在创品牌前期给我力量！感谢关总、罗总、梁总一路以来的支持！感谢所有客户的信任与支持！感谢合作伙伴和未来的合作伙伴！感谢我生命中所有的导师和教练！感谢我生命中的贵人胡庆的热心帮助！感谢吴燕！感谢陈莉！感谢同学和挚友周志华、陈浩、潘成林的不断鼓励！感谢杭州团队的付出与给力！感谢为本书策划做过指导的洪豪泽老师、吴锦珠老师、默默付出的小凤、阿君，还有编辑伙伴们！

向我的各个器官表达谢意。谢谢让我看得见的眼睛，让我听得见的耳朵，可以品尝食物、表达意见、与人沟通的嘴巴，可以嗅闻味道的鼻子，可以感觉的皮肤。感谢让我行走的双脚，让我用来做几乎每一件事的双手。感谢我所有的器官完美地维持着我的身体，让我活着。感谢我美妙的大脑，这世界上没有任何电脑科技能复制它。我的整个身体是这星球上最伟大的实验室。没有任何事物可以复制它的奇妙，连一点点办法都没有，我就是一个奇迹！人是需要被提醒的，我就是上天给予我的最有价值的礼物！对我已经拥有的丰足表示感恩，是让我持续丰足的保证！

我每天做感恩观想，我有自己的感恩清单。在观想时我会问自己，全世界都是有能量的，那些力量是由什么组成的？是帮助你的一切，让你不迷茫的一切，让你热血沸腾的一切。

我感恩洪豪泽老师。2011 年，经过陈浩的介绍，我认识了洪豪泽老师。我和我先生、公司里的一位高管一起去听过他的课，过了半年我就请他做我们公司的顾问，我们之间又多了一层合作的关系。洪豪泽老师很有思想，他的学生遍布全球。

他有很多好的想法，带团队也有很多非常实用的经验，对员工奖励、公司的仪式、一些标准、模式复制等很多方面都有非常多的好想法，对一个公司的运营有全方位的认识，对我帮助特别大。这本书的面世也要感谢他。他是我的合作伙伴、老师、顾问，他充满智慧，好想法多得让人难以想象，我很欣赏他的人格魅力，心里对他充满感恩。

我们要为自己没有的感恩，为自己拥有的感恩，任何时刻都要感恩。有一天我们会离开这个世界，所以要为今天能看到这个世界而感恩。很多人天生没有手脚，我们要为自己有手脚而感恩；有的人天生就看不到任何东西，我们要为自己能看到美丽的色彩、看到这个世界上好的景色而感恩，我会为看到另一半、看到乐乐和冰冰而感恩；很多人天生就听不到声音，我们要为能听到美妙的音乐而感恩。

我为有父母感恩，为有团队感恩，为有那么多合作伙伴感恩，为有那么好的老师感恩。为了过去和现在感恩，为全世界的环境感恩，为太阳从东方升起感恩，为出现的奇迹感恩。为自己感恩，为身上的器官皮肤感恩，为拥有开朗笑容感恩，为拥有健康感恩，为拥有商业天分感恩，为收到钱感恩，为付出钱感恩。为福克斯平台感恩，为潜意识 CD 感恩，为另一半感恩，为自己每天好的改变感恩。

感恩什么就能得到什么，感恩什么就能改变什么。**台湾经营之神王永庆说过："感恩之心离财富最近。"**人们喜欢感恩的人，不要认为一切都理所当然，真心去感恩才会真正拥有很多东西，才会幸福。爱因斯坦每天都说谢谢，所以得到很多美好的。为另一半从认识你到现在为你做的每件事感恩，你们就会越来越幸福。感恩团队，他就会变得更好，感恩财富就能获得财富。感恩活力，你就会变得更精力充沛、更健康。

一个人有感恩之心，才能懂得珍惜和尊重，才能感受很多美好；一个人有感恩之心情，就会心有善念，得到恩泽，内心安静。

感恩之后，就要懂得付出。付出时间，付出财富，付出爱。付出就能拥有力量，拥有更大的力量。你感恩的心情、你的思想会穿越大气层，宇宙会听到你的心情、你的思想，你将获得当时所拥有的10倍的能量，你的身心都会聚满能量。

也有人会有疑问，难道你觉得一个感恩的人真的会得到快乐和取得成功吗?

在我们的人生中，最可怕的状态是精神疲倦、麻木或无知无觉。我们应该感动于身边发生的一切，被美好的事物吸引，那样你就会和快乐与成功更近。我们要怀着感恩之心去接纳生活给我们的好的一切，也去接受它给我们的不好的一切。我们要做的就是驾驭自己的心灵，控制自己的心态，把一切都当成对生活的一种体验，而不是麻木，或苦大仇深地去怨恨或悲伤。

很多人看不清事情的真相，70% 到 80% 的人觉得自己得到的一切都是理所当然的。你去餐厅吃饭，农民从播种到收获几十个流程，要付出多少汗水和力量？有他们的付出，我们才能吃上美味的食物，所以要心怀感恩。

一个人的力量是有限的，一个人很难创造巨大的成果，更不能创造全世界，一批人才能做成事。一个人的成功一定要靠别人，不是全靠自己。觉得一切都是理所当然的人，别人是不会欣赏他、关爱他的。你认为什么都是理所当然的，别人就不愿意去帮助你，你就很难做出成绩，取得成功。

感恩是做成很多事情的前提，有诚心地感恩，天地都会为你感动，去帮助你。佛说：“善心真切，即一行可当万善。”真正懂得感恩的人，会有很多贵人愿意帮他。

“读万卷书不如行万里路，行万里路不如阅人无数，阅人无数不如名师指路。”名师指路，也就是贵人提拔、指点，有贵人帮你指出方向，帮你一下，你就能更快实现梦想了。没有人不想遇到贵人，关键贵人为什么要帮你，你自己怎么才能遇到和抓住那些机会。

怎么让贵人愿意帮你这个事情，我确实有过一些思考，可以和你们分享一下我的想法。

首先，要多帮助别人，在你的生活和工作中，多帮助别人，别人有解决不了的问题，你有这个能力，就帮他解决一下。你要先付出，形成自己的能量场，说不定哪一天，你帮过的人就成了你的贵人。

我就是这样。我的客户，我在和他们接触的过程中，先想到的就是怎么帮他们，通过我们的服务实现他们的愿望。之后我发现，很多人会成为我的贵人，他们更能帮助我很多。所以，做个懂感恩的、愿意帮助别人的人，同样会有很多人来帮你。

其次，要为人正直、真诚，有上进心、持续地学习成长。能做到这些，贵人就快来了。一个充满向上的力量、有潜力、心态又好的人，别人怎么会不想帮他一下呢？让自己成为那样的人，贵人很快就要来了。

最后，要有梦想，而不是幻想。对自己的未来，要有切合实际的想法，而不是异想天开，想不劳而获，**要一步步实现目标，并敢于为自己的目标付出汗水和精力。**一个有梦想又能将其转化为行动的人，会感动很多人，贵人一定是先去帮踏实又有梦想的人。

我有一个同学，负能量很多，总觉得这不对、那不对，这不好、那不好，不断地批判。他的态度让我很不开心，让我觉得这个世界快变成灰色的了。和他交流，被他影响，正能量减少了很多。

或许我身上也潜伏着他的特质，只是平常没有暴露出来。听到他说的话、看到他的表现，我会受到影响，从积极走向消极。我是有意识排斥那些负面的想法和做法的，通常我都做到了。我想他还没有明白，**在**

这个世界上，有些人是来度你的，他们给你磨难，就是让你的自我价值得到更大的提升，变得更好。对那些人，我们也应该心怀感恩。如果你还没有意识到谁度了你，现在就睁大眼睛，仔细看看吧。你会发现，你应该感恩的人，竟然那么多。

感恩已经成为我生活中很自然的一部分，我每天都会思考，自己得到了什么，哪些东西是哪些人给我的。我会发自内心地微笑，因为一切都是那么美好。我有那么多人要去感激、有那么多人要去善待、有那么多人要去祝福。我的心是满满的，因为有他们而温暖。我有那么多事要去做，因为做一件就能帮助一些人。感谢上天赐予我的得到和给予，我的生命因此而灵动活跃、充满希望、闪烁光芒。现在和未来，感恩，永不停止。

第 19 章　潜意识CD：你从出生那一刻就准备好了

Happiness in the Door

我的导师，世界第一的潜能大师安东尼·罗宾说：“所有人的改变都在思想。”也就是：思想是原因，行为是结果。正是基于这种思想，潜意识 CD 才会诞生。

什么是潜意识 CD？潜意识 CD，是美国高科技录音专家与大脑潜能专家研究出来的高科技产品。这种 CD 里有很多先录好的积极正面的词句，和音乐或自然声混合在一起。听这种 CD 的时候，能隐约听到人声，但是凭意识很难听出人声的内容。

这种 CD 的声音，除了能听到的部分，还有无数用特殊设备做过变频处理的，正面、积极的自我肯定的语句。这些语句无法凭意识辨别，潜意识却能接收到。没有被意识过滤和排斥的信息，会直接输入人的潜意识，它会用自我肯定的信息，替换自我否定的、失望的、消极的信息，形成积极的信念。这样，人就会变得积极、乐观、充满正能量。

人的信念改变了，人生也会有好的改变。潜意识 CD 已经风行欧美 50 多年了，它确实帮助很多人有了更积极、健康的生活。

获得财富、健康、自信和取得任何形式的成功，都和人的思想息息相关。思想是由信念组成的，信念是通过不断的自我确认产生的。想改变思想，就要改变思想的元素——信念，尤其是连你自己都不知道的、深埋于心底的信念。

怎么做才能改变自己的信念呢？通过学习，我知道有以下几种方法：

第一个方法是，不断地自我确认。例如对自己说："我非常优秀。""我是一个非常成功的人。""我一定会成功！""我是最棒的！""我会赚大钱！"这样重复地告诉自己，会有很好的效果。这个方法的缺点是，要在适当的时候用，不能每时每刻用。这样，你受到负面刺激时就会返回负面状态，不利于保持积极的心态。思想改变的效果和自我肯定所用的时间、次数成正比，所用时间越长，重复次数越多，思想改变的效果就越好。

第二个方法是，先放松下来，再进行自我肯定。因为心理的放松有利于产生愉快、美好的感觉，那样你就会觉得人生充满好的可能，就会更积极、正面了。只是我们通常都很忙，没有那么多时间去放松，或者因为受到的刺激很大，无法放松下来。不过如果你有条件和机会，就要先放松自己，再进行自我肯定，重复那些正能量的词句，你可能会阳光起来的。

第三个方法是，听潜意识 CD。这个是最简单、快速、有效的方法。不用费力气和精神，效果维持的时间长，影响深远。因为每一个 CD 的音乐后面，都有几百条自我肯定的语句，可以在任何时候听。睡觉的时候也是可以的，在睡眠中，正向词句和信念也能输入你的潜意识。接收正面信息的时间越长，重复的次数越多，正能量的集聚就越丰厚，就越有利于我们改变思想。

潜意识 CD 是一个神奇的世界，它给了我很多正能量。我很想告诉你，我在潜意识 CD 里都听到了什么。当我按下按钮，潜意识 CD 开始播放……

这是多么美好的一天，这是多么美好的时刻，充满爱、热情、感恩、

力量！

当我重听这个潜意识 CD，就像重启了自己的大脑，我看到了自己成功的画面。

赏月：你是宇宙中最强大的磁铁，你的思想会穿过大气层，让整个宇宙都接收你的命令，你能吸引最美好的画面。那个画面在网上点播 40 亿次。你每天听最棒的歌，你有福布斯顶尖的商贸平台，有最棒的老师，你拥有丰富的资源，你有顶尖的人脉，你可以实现很多目标。面对任何挑战，都要告诉自己，我从出生那一刻起就已经准备好了。

赏月：你要保持自己 20 岁时的状态，每天运动 30 分钟，保持能量，保持最佳的状态。你吃饭只吃六分饱，保持完美的身材，你有健康的体态，每次洗完澡照镜子时，都想亲自己几下，你时刻保持时尚的状态，举手投足都有明星的感觉。

赏月：你可以吸引最好的目标资源，吸引顶尖的人脉，吸引顶尖的人才，吸引客户购买你的产品。你的客户都疯狂地帮你转介绍，客户都爱上了你的产品和服务。

赏月：你在全世界都有自己的分店和合作伙伴，他们在每一个城市。你懂得领导和创新，你有企业家顶尖的平台，拥有全世界顶尖的老师，拥有顶尖的同学。你不断地吸引财富，让它向你而来，你有非凡的影响力、无与伦比的魅力，你真的幸福得不像话。

赏月：你创造了财富，公司在香港挂牌上市。你的企业就是下一个麦当劳、下一个苹果、下一个三星。你改写了行业的规则，你在全世界打造自己的品牌，你在世界的舞台上看到自己的品牌出现在东京、首尔、罗马、香港等地。你看到你的“榕大”品牌出现在欧洲、亚洲、美洲、非洲……你在大脑中看到自己渴望的画面，真是幸福得不像话。

赏月：你是运用秘密的高手，你懂得《秘密》吸引力法则的核心：

1. 要求;2 相信;3. 接收。你知道，你想要的一切就在你的体内和心里，你说好的，你的客户就会买你的产品，并帮你转介绍，他们就像爱上了你的产品。你头脑中看到这个画面:“榕大”的客户遍布全世界，你发出要求，财富就来了，源源不断地涌过来。

每次听潜意识 CD，都像给自己的头脑和心灵充了电，整个人从内而外散发正能量。

它让我不断确认自己的优势，整理自己的优点。它让我觉得：我是美丽的、聪明的、年轻的、有活力的、有吸引力的；我有最好的亲人、最好的老师、最好的客户、最好的朋友；我有最好的平台、最丰富的资源、最好的产品、最好的品牌、最好的企业；我会实现自己的梦想，打造出世界品牌，让企业成为全球著名企业，让客户遍布全球，让产品为海内外的家庭带来欢乐；财富会被我吸引来，快乐与我常相伴，我是这个世界上最幸福的人。

第 20 章 **再度起航：**
我是世间万物中一个渺小的存在

Happiness in the Door

经常有朋友问我：“金总，你创业 20 年了，如何在心理上归零，再去创造新高峰呢？”其实我是能做到归零的，因为我已经在学习中领悟了这些。

无论我的企业发展如何，我在别人眼中是成功还是一般，我都是我自己，我只是世间万物中一个渺小的存在。这个世界天外有天，人外有人，从来不乏奇迹。我要时刻保持空杯心态，不断追求梦想，用我们的产品让人们生活得更幸福，成就更多人。我生命的意义就是，让自己的生命及他人的生命变得更加美好。

人到这个世上要知道自己想要的是什么，是锦衣玉食吗？我想这只是浅层次的追求，人是有追求更大价值的愿望的。

我希望因为我的存在，别人的生活会变得更美好或更有意义。虽然我现在有足够的维持生存的财富，可以自由了，一辈子不工作也能衣食无忧，但我没有选择离开这个企业，去享受生活，因为关于这个企业，我还有自己的梦想。

我想把“榕大”做成中国原木定制第一品牌，让它走得更远，创造更大的价值。

现在我的愿望已经不是增加财富，而是完成一个使命。这源于我对这份事业的热爱，它让我不断前进，无法停下来。我要勇登高峰，接受新的挑战，那样能量才会变多、气场才会增强。我想做一个有影响力的人，所以才有了“榕大”。我希望因为我的存在，别人的生活更美好、生命更有价值。

未来我要创立“榕大”基金会，把资金用在有意义的事情上。人不能只为自己而活，那样不会有很大的动力，我相信很多人和我一样，想要改变整个家庭的命运。在我生命结束前，我都会在力所能及的范围内帮助别人，这是我活着的动力之一。做到这些，生命有了它存在的价值，变得永无止境。

你可以做力所能及的事帮助别人，从身边的亲人、朋友开始，我就是这样。我的家族中有三个兄弟姐妹身体残疾，一个堂哥、一个堂姐、一个表弟，他们一个是小儿麻痹症、一个听力有问题、一个智力有问题。我每年回家都在资金上支持他们，只有这样做我心里才能踏实。

我对事业也是热爱和执着的，我从没想过放弃自己的事业，那种拼劲是骨子里的。

当初如果我安于现状，就不会去杭州发展。那时候每天都有现金进账，过得很舒服。记得当时朋友劝我不要去杭州，说去了可能要比现在老五岁。我心里有个声音说:“哪怕真的老五岁，我生命的价值不一样了，换来未来二三十年不同的生活，是相当值得的。”所以才有了今天杭州的“榕大”。

人都是不完美的，我觉得自己还有很多需要改善和提高的地方，这也是我不停下脚步的原因。

我的情绪掌控能力还需要提高。我说话急、语速快，这体现了我性急的特点。我觉得自己应该说话慢一点、轻柔一点，情绪就会更好，不会对别人有条件反射般的误解，会更理性、平和。

我应该更加自律。我觉得自己还是不够努力，我应该自我要求高一点，让一天能有效利用的时间多一点，我应该做到早上 4 点起来。要做不一样的人，就要付出得更多，这个世界上没有不劳而获的事。我在行动上还需要做得更好。

我需要更有包容心。我对员工要求很严格，比较容易急。我希望自己能不把神经的弦绷得太紧，适当地宽容别人，让别人稍微轻松一点；希望能平和地和员工沟通，让他们在放松的情况下接受建议，在很多方面有所改善。

我希望自己决策的速度更快一点，对事情的敏感度更强一点。之前我开发市场的时候，都比较快地做了决定，未来我希望自己做得更好一些。希望自己在看准一个市场或一件事情的时候，能更好、更有效地判断，然后再采取行动，那会节约更多的资源，创造更大的价值。

当然，我那些好的特质还需要保持，那是我不断进步的保障。

比如，我的学习力。很多企业管理者没有像我一样把学习坚持下去，我一直没有放弃自己学习和向别人学习，学习已经成为我的生活方式。我也很喜欢和老师互动，台上的老师都是很厉害的，可以和他们成为朋友，是很幸运的事情。能和他们头脑风暴，进行智慧的碰撞，是非常好的机会，能得到很好的建议。如果能找到真正投缘的朋友更是巨大的收获。

关于我的企业，还有很多事情没有做好，我还会努力去改善。

我希望团队有全球观。团队和我一样有全球观，员工的观念就会改变，企业的层次就不同了。员工知道“榕大”会成为全球企业，而不仅在一个区域成长，就会有更大的视野、更长远的眼光、更有方向感、做事情更专业。这会给企业的发展带来非常大的帮助。

我想让团队的规模更大。现在团队还需要有销售天分的人，想招到这样的人才，重点培养，打造销售明星。上海市场要打开，很需要这样的人才。

在一个企业里，创始人应该是第一个不断去学习和改变的人。慢慢地，自己各方面的能力都提高了，更有见识和格局感了，接触到的人群很高端，吸收了很多东西把那些运用到自己的企业中，给客户的感觉也就不一样了。你的好的变化，团队、家人、朋友都会看到、感受到，也会更欣赏你、对你更有信心。

当初我上很多国内培训课，甚至国外老师的课，我先生和其他家人都是反对的，因为他们一时想不出那些课能给我带来多少帮助。有些朋友也提醒我，国外很不安全，很乱、很吓人，劝我不要到国外去学习，还浪费钱。

我会这么和家人朋友说，我的爱好不多，不喝酒、不打麻将，在其他方面消费也不多，人总要有让自己快乐的事情，学习就是。我理解他们的语重心长，但是我的选择是正确的，只是当时他们还没有看到效果，所以我坚持了自己的做法。无论国内、国外，只要对企业有帮助，对当下的成长有帮助，我会抽时间去参与那些智慧课程的。**有时候要懂得坚持，聆听心灵深处的声音，拿出勇气去做想做的事。**

我还有别的方法，很多次我都是机票订好后再和我先生说，木已成舟，他就没法反对了，心里很不舒服。后来他看我一点点在改变，就慢慢支持了。

我要和比我优秀的、比我成功的人在一起，这样才能变得更好、更优秀。现在我是安东尼·罗宾的白金会员，每年要上安东尼·罗宾的课不少于三次，每次都要出国去学。离开企业去学习，整个环境不一样了，会觉得新鲜而富有挑战性，在局外能得到更多智慧。在知识不足的时候就去学习，之后才能有好的行动。**学到、悟到、做到，才能得到，这是一个过程。**

我珍惜老师给我讲的所有内容，我每次上课都认真记笔记。课程中的领悟、觉悟我会写下来，每天课程结束后，我会列出针对自己企业的行动计划。

你要不断改变旧的，新的东西才能进来。举个例子，我老家有个复式楼，装修好多年了，他们不想重新装修了。他们不在的时候，我把东西都清理出去，着手重新装修。他们回来，看到重新装修的屋子很好，都很开心。

我积极地改变自己和企业，希望自己和团队都有谦虚的心态。不过在不断前进的过程中，也会面临很多问题。

像我这样带团队学习，就会遇到挑战：自己持续学习，团队里却有人不想学，这要怎么办？这时需要了解清楚，团队是不想用上课这种方式学习，还是懒散了，不愿意提高自己了，因为也许他们是想通过其他方式学习，比如去工地实地学习、和客户交流，重点学习专业知识。

和团队里的人沟通，最重要的是不能以偏概全，焦点放在哪里很重要。后来我想，应该把学习变成公司的一种文化和机制，那样学习就会变成很自然的事情。公司的培训是员工的福利待遇，每个月读书后要写读后感、多提问题，所做的一切都要与机制挂钩，从员工的需求点出发。

无论做销售、设计、沟通、服务，还是要学会情绪管理、日常礼仪，不同领域的员工都需要相关的专业知识，学习是非常必要的。股东和核心高管，更需要不断地去学习。因为他要带团队、领导员工、把员工教会，没有新东西的吸收、缺乏创意，很难胜任自己的工作。

我计划开发上海市场，就是重新起航。**我和团队都要清空自己的杯子，准备装入更多的东西，而且要不断清空，不断装入新东西。**只有那样，“榕大”才能成为强大又有文化的企业，“榕大”这个品牌才能走得更远、更久。